建设行业专业人员快速上岗 100 问丛书

手把手教你当好试验员

赵华玮 编著

中国建筑工业出版社

图书在版编目（CIP）数据

手把手教你当好试验员/赵华玮编著. —北京：中国
建筑工业出版社，2013.4
（建设行业专业人员快速上岗100问丛书）
ISBN 978-7-112-15193-6

Ⅰ.①手… Ⅱ.①赵… Ⅲ.①建筑材料-材料试验-
基本知识 Ⅳ.①TU502

中国版本图书馆CIP数据核字（2013）第041496号

建设行业专业人员快速上岗100问丛书
手把手教你当好试验员
赵华玮 编著

＊

中国建筑工业出版社出版、发行（北京西郊百万庄）
各地新华书店、建筑书店经销
北京科地亚盟排版公司制版
北京世知印务有限公司印刷

＊

开本：850×1168毫米 1/32 印张：7⅜ 字数：196千字
2013年6月第一版 2013年6月第一次印刷
定价：**19.00**元
ISBN 978 - 7 - 112 - 15193 - 6
（23292）

本书为"建设行业专业人员快速上岗 100 问丛书"之一，按照国家最新颁布的材料标准和试验标准，以问答形式介绍了试验人员应具备的基础知识，水泥、钢材、砂石材料、防水材料、混凝土外加剂、砌墙砖及砌块等常用建筑材料的主要品种、质量标准、主要技术性能、取样方法和检测方法，钢筋接头、混凝土性能、砌筑砂浆试验、回（压实）填土试验等施工试验执行标准及试验方法，混凝土及砌筑砂浆的配合比设计方法，道路材料试验方法。内容丰富、深入浅出。

本书可供施工企业试验室人员和工程质量检测机构检测人员培训使用，也可供工程技术人员参考使用。

责任编辑：范业庶　万　李　王砾瑶
责任设计：董建平
责任校对：陈晶晶　刘　钰

出 版 说 明

随着科技技术的日新月异和经济建设的高速发展，中国已成为世界最大的建设市场。近几年建设投资规模增长迅速，工程建设随处可见。

建设行业专业人员（各专业施工员、质量员、预算员，以及安全员、测量员、材料员等）作为施工现场的技术骨干，其业务水平和管理水平的好坏，直接影响着工程建设项目能否有序、高效、高质量地完成。这些技术管理人员中，业务水平参差不齐，有不少是由其他岗位调职过来以及刚跨入这一行业的应届毕业生，他们迫切需要学习、培训，或是能有一些像工地老师傅般手把手实物教学的学习资料和读物。

为了满足广大建设行业专业人员入职上岗学习和培训需要，我们特组织有关专家编写了本套丛书。丛书涵盖建设行业施工现场各个专业，以国家及行业有关职业标准的要求和规定进行编写，按照一问一答的形式对专业人员的工作职责、应该掌握的专业知识、应会的专业技能、对实际工作中常见问题的处理等进行讲解，注重系统性、知识性，尤其注重实用性、指导性。在编写内容上严格遵照最新颁布的国家技术规范和行业技术规范。希望本套丛书能够帮助建设行业专业人员快速掌握专业知识，从容应对工作中的疑难问题。同时也真诚地希望各位读者对书中不足之处提出批评指正，以便我们进一步改进和完善。

中国建筑工业出版社

2013 年 2 月

前　言

本书依据《建筑和市政工程施工现场专业人员职业标准》（JGJ/T 250—2011）、《建筑工程检测试验技术管理规范》（JGJ 190—2010）等国家及行业有关职业标准、管理规范的要求进行编写。全书共五章，主要介绍试验人员应具备的基础知识，水泥、钢材、砂石材料、防水材料、混凝土外加剂、砌墙砖及砌块等常用建筑材料的主要品种、质量标准、主要技术性能、取样方法和检测方法，钢筋接头、混凝土性能、砌筑砂浆试验、回（压实）填土试验等施工试验执行标准及试验方法，混凝土及砌筑砂浆的配合比设计方法，同时对道路材料试验也进行了介绍。涵盖了建筑材料试验从业人员应该掌握的理论知识和专业技能。

在编写时，严格按照国家最新颁布的材料标准和试验标准，对试验员的工作职责、应该掌握的专业知识、应会的专业技能、实际工作中常见问题等进行讲解，在注重系统性、知识性的同时，尤其注重实用性、简明性。为方便读者使用，书后附有"常用建筑材料进场复试项目、主要检测参数和取样依据"及"施工过程质量检测试验项目、主要检测试验参数和取样"。

本书内容丰富、深入浅出，可供施工企业试验室人员和工程质量检测机构检测人员培训使用，也可供施工、监理以及预拌混凝土企业的技术管理人员在质量管理工作中参考使用。

本书由焦作大学赵华玮教授编著。在本书编写过程中参考和借鉴了大量文献资料，谨向这些文献作者致以诚挚的谢意。同时，焦作市建设工程质量监督站任效功高级工程师、焦作市建研工程质量检测有限公司刘淑芳高级工程师对本书内容的取舍提出了宝贵意见，在此一并表示感谢。

由于编者的学识和经验所限，书中难免有不妥及疏漏之处，恳请专家和读者予以批评指正。

编　者

2013 年 3 月

目　录

第一章　基础知识

第二章 建筑材料试验

第一节 水 泥

第二节 砂、石

第三节　建　筑　钢　材

第四节　防　水　材　料

第五节　混凝土外加剂

第三章　建筑施工试验

第一节　钢　筋　接　头

第二节　混凝土性能

第五章 道路材料试验

附   录

参 考 文 献

第一章 基础知识

1.《建筑工程检测试验技术管理规范》(JGJ 190—2010) 中有哪些强制性条文?

答:(1) 施工单位及其取样、送检人员必须确保提供的检测试样具有真实性和代表性;

(2) 见证人员必须对见证取样和送检的过程进行见证,且必须确保见证取样和送检过程的真实性;

(3) 检测机构应确保检测数据和检测报告的真实性和准确性;

(4) 进场材料的检测试样,必须从施工现场随机抽取,严禁在现场外制取;

(5) 施工过程质量检测试样,除确定工艺参数可制作模拟试样外,必须从现场相应的施工部位制取;

(6) 对检测试验结果不合格的报告严禁抽撤、替换或修改。

2. 何谓检测试验?

答:检测试验是指依据国家有关标准规定和设计文件对建筑工程的材料和设备性能、施工质量及使用功能等进行测试,并出具检测试验报告的过程。

3. 检测报告和试验报告有何区别?

答:检测机构(为建筑工程提供检测服务并具备相应资质的社会中介机构)出具的报告为检测报告。

企业试验室(施工企业内部设置的为控制施工质量而开展试验工作的部门)出具的报告为试验报告。

4. 检测试验管理制度应包括哪些内容？

答：（1）岗位职责

（2）现场试样制取及养护管理制度

（3）仪器设备管理制度

（4）现场检测试验安全管理制度

（5）检测试验报告管理制度

5. 施工现场试验员职责范围有哪些？

答：（1）结合工程实际情况，及时委托各种原材料试验，提出各种配合比申请，根据现场实际情况调整配合比。各种原材料的取样方法、数量，必须按现行标准、规范及有关规定执行。委托各种原材料试验必须填写委托试验单。委托试验单的填写必须项目齐全，字迹清楚，不得涂改。项目内容包括：材料名称、产品牌号、产地、品种、规格、到达数量、使用单位、出厂日期、进场日期、试件编号、要求试验项目。

钢材试验除按上述要求填写外，凡送焊接试件者，必须注明试件的原材炉批号。原材与焊接试件不在同一试验室试验，尚需将原材试验结果抄在附件上。

（2）随机抽取施工过程中的混凝土、砂浆拌合物，制作施工强度检验试块。试块制作时必须有试块制作记录。试块必须按单位工程连续统一编号。试块应在成型24h后用墨笔注明委托单位、制模日期、工程名称及部位、强度等级及试件编号，然后拆模。凡需在标准养护室养护的试块，拆模后立即进行标准养护。

（3）及时索取试验报告单，转交给工地有关技术人员。

（4）统计分析现场施工的混凝土、砂浆强度及原材料的情况。

（5）在砂浆和混凝土施工时，要预先测定砂石含水率，在技术主管指导下，计算和发布分盘配合比并填写混凝土开盘鉴定，记录施工现场环境温度和试块养护温、湿度。

（6）委托试验结果不合格，应按规定送样进行复试。复试仍不合格，应将试验结论报告技术主管，及时研究处理办法。

6. 试验室对材料试验的管理程序是什么？

答：（1）委托单位送样并填写委托试验单；

（2）试验室检查试件外观、编号并对照委托单内容检查、核对，填写委托登记台账；

（3）按国家标准或行业标准进行必试项目和要求项目试验，并填写试验记录；

（4）计算、评定；

（5）填写试验报告；

（6）复核、签章；

（7）登记台账（钢筋、水泥、混凝土）；

（8）签发报告。

7. 房屋建筑工程实施见证取样和送检的项目有哪些？

答：下列试块、试件和材料必须实施见证取样和送检：

（1）用于承重结构的混凝土试块；

（2）用于承重墙体的砌筑砂浆试块；

（3）用于承重结构的钢筋及连接接头试件；

（4）用于承重墙的砖和混凝土小型砌块；

（5）用于拌制混凝土和砌筑砂浆的水泥；

（6）用于承重结构的混凝土中使用的掺加剂；

（7）地下、屋面、厕浴间使用的防水材料；

（8）国家规定必须实行见证取样和送检的其他试块、试件和材料。

《民用建筑工程室内环境污染控制规范》已将见证取样检测的范围扩展到建筑装修材料；随着对建筑节能的日益重视，见证取样检测的范围也已扩展到保温隔热材料、建筑门窗等。

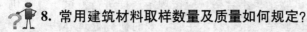

8. 常用建筑材料取样数量及质量如何规定?

答：凡涉及结构安全的试块、试件和材料，见证取样和送检的比例不得低于有关技术标准中规定应取样数量的 30%。常用建筑材料取样数量及质量规定见表 1-1。

常用建筑材料取样数量及质量 表 1-1

名 称	规 格	数量及质量
混凝土试块	150mm×150mm×150mm 100mm×100mm×100mm	3 块/组×8kg＝24kg 3 块/组×2.5kg＝7.5kg
抗渗试块	φ180mm×φ175mm×150mm	6 块/组×10kg＝60kg
砂浆试块	70.7mm×70.7mm×70.7mm	6 块/组×0.75kg＝4.5kg
烧结多孔砖	240mm×115mm×90mm	15 块/组×3kg＝45kg
烧结普通砖	240mm×115mm×53mm	20 块/组×2.5kg＝50kg
水泥	32.5 级、42.5 级、52.5 级	12kg/组
钢筋	抗拉 550mm/根 冷弯 250mm/根	原材 5 根 机械连接、焊接 3 根 闪光对焊 6 根
砂	粗砂、中砂、细砂	20kg
碎石、卵石	连续级配 5～10、5～16、5～20、5～25、 5～31.5、5～40mm 单粒级 10～20、16～31.5、20～40、 31.5～63mm	80kg/组

9. 见证取样工作管理流程有哪些?

答：（1）制订有见证取样和送检计划，确定见证试验检测机构

单位工程施工前，项目技术负责人应按照有关规定，与建设（监理）单位共同制订《见证取样和送检计划》，考察后确定承担见证试验的检测机构。

（2）设定见证人及备案

项目技术负责人应与建设（监理）单位共同设定见证试验取样人和见证人，并向承担该工程的质量监督机构递交《有见证取

样和送检见证人备案书》进行备案，备案后，将其中一份交予承担见证试验的检测机构。

（3）有见证取样

试验员接到取样通知后，依据既定的见证取样和送检计划，安排现场取样工在见证人的旁站见证下，按相关标准规定进行原材料或施工试验项目的取样和制样。

见证人对见证试验项目的取样和送检的过程进行见证，并在试样或其包装上作出标识和封志。标识和封志应标明样品名称、样品数量、工程名称、取样部位、取样日期，并有取样人和见证人签字。

（4）填写《见证记录》

见证人依据见证取样和送检计划表及对应的取样通知单填写《见证记录》。

（5）委托

试验员登记试验委托台账并填写试验委托合同单后，持《见证记录》、试验委托合同单及有见证标识和封志的试样，与见证人一起去承担见证试验的检测机构办理委托手续。

（6）领取试验报告

在达到试验周期后，现场取样工去检测机构领取见证试验报告，试验报告的右上角加盖"有见证试验"的红色专用章；右下角加压承担见证试验检测机构的特有钢印；左上角加盖检测机构的计量认证或国家级试验室认可的红色专用章。

（7）试验报告移交

试验员接到试验报告后，应进行核验及解读，并及时将见证试验报告移交项目技术负责人和资料员。见证取样和送检的试验结果达不到标准要求时，应及时通报见证人。

（8）填写《有见证试验汇总表》

试验员将有见证试验结果进行汇总，填写《有见证试验汇总表》，与其他施工资料一起纳入建筑工程资料管理，作为评定工程质量的依据。

10. 原材料试样和施工试验试样分别应如何标识？

答：委托检测的试件必须进行标识，试件的标识应根据试样性能特征和相关规定标注。

（1）原材料试样的标识

1）水泥、砂、石、掺合料等用编织袋包装的材料，取样人宜在包装袋上用毛笔标识。标识内容包括：材料名称、试件编号。

2）砖、砌块等块状材料，取样人宜在试件表面用毛笔标识。标识内容：试件编号。

3）外加剂等用塑料袋包装的材料、防水涂料等瓶装试件以及防水卷材等，取样人宜在包装外侧或防水卷材表面粘贴标识。标识内容包括：材料名称、试件编号。

4）钢筋原材试件，取样人宜采用挂签标识。标识内容包括：试件编号、种类、牌号、规格、复试项目。

（2）施工试验试样的标识

1）试配用的水泥、砂、石、外加剂、掺合料等原材料，取样人宜在试样外包装上用毛笔标识。标识内容包括：材料名称、试件编号。

2）混凝土及砂浆试块，取样人宜在其成型面（抹光面）上用毛笔标识。标识内容包括：强度等级（含抗渗等级）、试件编号、成型时间。

为使标识更加简单明了，可在试件编号后加后缀区分不同的养护方式。

3）回填土等塑料袋装试样，取样人宜在包装袋上做好标识。标识内容：材料名称、试件编号（由步数和点数组成，如，"二—3"表示"二步三号点"）。

4）钢筋连接试样，取样人宜采用挂签标识。标识内容包括：试件编号、种类、牌号、规格、试验项目。

注意：按计量认证要求，检测单位对来样进行盲样管理，因此试件上或其包装上不得反映施工单位及工程名称。

11. 试验资料包括哪些内容？它们各自有何作用？

答：（1）试验委托单：明确试验项目、内容、要求日期，是安排试验计划的依据之一。

（2）试验委托台账：是对各类试验数量、结果的归纳和总结，是安排委托时间、确定试样编号、寻求规律、了解质量信息、追溯试验报告的依据之一。

（3）试验记录：是评定、分析试验结果的重要依据和原始凭证。

（4）试验报告：是判断材料和工程质量的依据，是工程档案重要组成部分，是竣工验收的依据，是建设单位维修、改建的原始资料。

（5）试验台账：是对各种试验数量结果的归纳总结，是寻求规律、了解质量信息和核查工程项目试验资料的依据之一。

（6）专项试验报告单：是判断材料和工程质量是否满足特定要求的依据。

12. 试验资料档案管理内容有哪些？

答：试验资料档案管理内容见表 1-2。

试验资料档案管理内容　　　　　　　　　　表 1-2

试验委托单	试验委托单是从事材料质量检验项目的依据，应妥善保管，并在试验结束后连同报告单归档保存
试验原始记录	一切试验原始记录，必须分类编号整理，妥善保存
试验报告	各种试验报告，都要分类连续编号，认真填写，不得潦草。报告中签字手续必须齐全，无试验专用章的报告无效。所有下发的报告都要有签字手续，并登记台账。试验报告不得涂改和抽撤
配合比通知单	签发的各种配合比通知单，必须有试验、计算、审核及负责人的签字并加盖试验专用章后方能生效
台账管理	根据试验项目，分类别建立试验台账。台账记录必须清楚、真实、可靠，便于查找。做到台账同原始记录、试验报告交圈

资料归档	凡属与试验有关的委托单、原始记录、试验报告、试验报表、统计分析、试验检验、结构补强、非破损检测等一切资料，必须至少完整保留一份，经整理、编号、编目，立卷归档。保存至工程竣工后 3～4 年
档案查阅	试验室的一切资料、报告、通知及文件等资料借阅，均应造册登记，建立借阅归还手续，以保证试验资料的完整性

13. 什么叫做数值修约的有效位数？

答：对没有小数位且以若干个零结尾的数值，从非零数字最左一位向右数得到的位数减去无效零（即仅为定位用的零）的个数；对其他十进位数，从非零数字最左一位向右数而得到的位数，就是有效位数。

例：3.6，0.36，0.036，均为二位有效位数；

0.360，0.0360，3.60 均为三位有效位数。

14. 数值修约的进舍规则是什么？

答：数值修约的进舍规则为：

（1）拟舍弃数字的最左一位数字小于 5，则舍去，保留其余各位数字不变。

（2）拟舍弃数字的最左一位数字大于 5，则进一，即保留的末位数字加 1。

（3）拟舍弃数字的最左一位数字是 5，且其后有非 0 的数字时进一，即保留的末位数字加 1。

（4）拟舍弃数字的最左一位数字为 5，且其后无数字或皆为 0 时，若所保留的末位数字为奇数（1，3，5，7，9）则进一，为偶数（2，4，6，8，0）则舍去。

（5）负数修约时，先将其绝对值按前四条规定进行修约，然后在修约值前面加上负号。

例：将下列数据 16.2631、16.3456、16.2501、16.1500、

—16.2500、1650.26 修约为保留三位有效数字。

16.2631≈16.3 （6 进 1）

16.3456≈16.3 （4 舍去）

16.2501≈16.3 （5 后非全部为零则进 1）

16.1500≈16.2 （5 后全部为零视奇偶，5 前为奇则进 1）

—16.2500≈—16.2 （5 后全部为零视奇偶，5 前为偶应舍去）

1650.26≈1650 （末位的零不是有效数字）

15. 什么是法定计量单位?

答：我国计量法明确规定：国家实行法定计量单位制度。

计量法规定："国家采用国际单位制。国际单位制计量单位和国家选定的其他计量单位，为国家法定计量单位。"

16. 国际单位制的基本单位有哪些? 常用倍数单位及其符号是什么?

答：（1）国际单位制的基本单位见表 1-3。

国际单位制的基本单位 表 1-3

量的名称	单位名称	单位符号	量的名称	单位名称	单位符号
长度	米	m	热力学稳定	开［尔文］	K
质量	千克（公斤）	kg	物质的量	摩［尔］	mol
时间	秒	s	发光强度	坎［德拉］	cd
电流	安［培］	A			

（2）常用倍数单位及其符号见表 1-4。

常用倍数单位 表 1-4

所表示的因数	词头名称	词头符号
10^6	兆	M
10^3	千	k
10^{-1}	分	d
10^{-2}	厘	c
10^{-3}	毫	m
10^{-6}	微	μ

17. 国家选用的非国际单位制单位及其符号是什么?

答：国家选用的非国际单位制单位及符号见表 1-5。

国际单位制的基本单位   表 1-5

量的名称	单位名称	单位符号	换算关系
时间	分	min	$1min = 60s$
	（小）时	h	$1h = 60min = 3600s$
	天（日）	d	$1d = 24h = 86400s$

18. 什么是材料的密度、体积密度、表观密度与堆积密度?

答：（1）密度

密度是指材料在绝对密实状态下单位体积的质量。用公式表示如下：

$$\rho = \frac{m}{V} \tag{1-1}$$

式中　ρ——密度，g/cm^3；

　　　m——材料的质量，g；

　　　V——材料在绝对密实状态下的体积，cm^3。

材料在绝对密实状态下的体积是指不包括孔隙在内的固体物质部分的体积，如图 1-1 所示中阴影部分的实体体积。

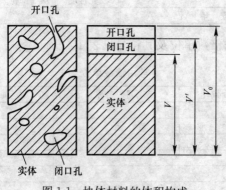

图 1-1　块体材料的体积构成

建筑材料中除了钢材、玻璃等少数材料外，绝大多数材料内部都存在一定的孔隙，如砖、混凝土、石材等块状材料。为测定有孔隙材料的绝对密实体积，常把材料磨细干燥后用李氏瓶测定其体积，材料磨得越细，测得的数值越接近材料的真实体积。因此，一般要求细粉的粒径至少小于 0.20mm。

根据材料的密度，可以初步了解材料的品质。同时，密度也是材料孔隙率计算及混凝土配合比计算的依据。

（2）体积密度

体积密度是指材料在自然状态下单位体积的质量。用公式表示如下：

$$\rho_0 = \frac{m}{V_0} \tag{1-2}$$

式中　ρ_0——体积密度，kg/m^3 或 g/cm^3；

　　　m——材料的质量，kg 或 g；

　　　V_0——材料在自然状态下的体积（包含材料内部闭口孔隙和开口孔隙的体积），m^3 或 cm^3。

在自然状态下，材料内部的孔隙可分为两类：有的孔之间相互连通，且与外界相通，称为开口孔，如常见的毛细孔；有的孔相互独立，不与外界相通，称为闭口孔。大多数材料在使用时，其体积为包括内部所有孔在内的体积（V_0），如石材、混凝土、砌块等。

（3）表观密度（视密度）

表观密度是指材料在包含闭口孔条件下单位体积的质量。用公式表示如下：

$$\rho' = \frac{m}{V'} \tag{1-3}$$

式中　ρ'——表观密度，kg/m^3；

　　　m——材料的质量，kg；

　　　V'——材料在自然状态下不含开口孔隙的体积，m^3 或 cm^3。

砂、石等材料在拌制混凝土时，由于混凝土拌合物中的水泥浆能进入开口孔内，因此材料体积只包括材料实体积及其闭口孔体积，即 V'。因而，表观密度对计算砂、石在混凝土中的实际体积有实用意义。

当材料含有水分时，其质量和体积都会发生变化。一般测定表观密度时，以干燥状态为准，如果在含水状态下测定表观密度，须注明其含水情况。

（4）堆积密度

散粒状材料或粉末状材料在堆积状态下单位体积的质量，称为堆积密度。用公式表示如下：

$$\rho_0' = \frac{m}{V_0'} \tag{1-4}$$

式中　ρ_0'——堆积密度，kg/m^3；

　　　m——材料的质量，kg；

　　　V_0'——材料的堆积体积，m^3。

散粒材料的堆积体积既包含了颗粒内部的孔隙也包含了颗粒之间的空隙，如图 1-2 所示。堆积密度与材料堆积的紧密程度有关，根据材料堆积的紧密程度，堆积密度分为松散堆积密度（堆积密度）和紧密堆积密度（紧密密度）。松散堆积密度是指自然堆积状态下单位体积的质量；紧密密度是指骨料按规定方法颠实后单位体积的质量。

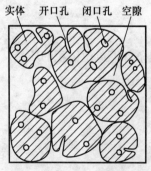 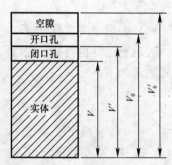

图 1-2　散粒材料的体积构成

工程中通常采用松散堆积密度确定颗粒状材料的堆放空间。

19. 什么是材料的强度？

答：材料在外力（荷载）作用下抵抗破坏的能力称为强度。以单位面积上所能承受荷载的大小来表示。

根据外力作用方式的不同，材料强度有抗压强度、抗拉强度、抗弯（抗折）强度及抗剪强度等，这些强度均以材料受外力破坏时单位面积上承受的力来表示。强度的大小是通过试件的破坏试验而测得，测定各种强度的材料受力示意图见图1-3。

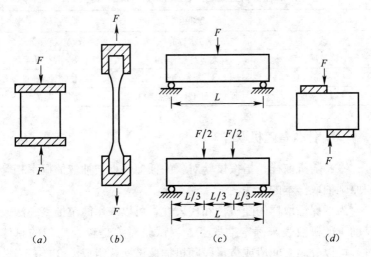

图1-3　材料受力示意图
(a) 受压；(b) 受拉；(c) 受弯；(d) 受剪

材料的组成、结构和构造，决定了它所具备的强度性质。相同组成的材料也因结构及构造的不同，强度有较大差异。一般材料的孔隙率越大，材料强度越低。对于内部构造非匀质的材料，其不同方向的强度，或不同外力作用形式下的强度表现会有明显的差别，如砖、混凝土等非匀质材料的抗压强度较高，而抗拉和抗折强度却很低；木材的顺纹抗拉强度远高于其横纹抗拉强度。

材料常按其强度的大小被划分为若干个等级，称为强度等级。对脆性材料（如混凝土、砖、石等）主要依据其抗压强度划分强度等级，对钢材则按其抗拉强度划分强度等级。

20. 什么是材料的耐久性？土木工程材料耐久性指标与破坏因素的关系是什么？

答：材料的耐久性是指材料在长期使用过程中抵抗周围各种介质的侵蚀而不破坏，并能保持原有性质的能力。

土木工程材料主要耐久性指标与破坏因素的关系见表1-6。

土木工程材料主要耐久性指标与破坏因素的关系　　表1-6

名　　称	破坏因素	评定指标
抗渗性	压力水、静水	渗透系数、抗渗等级
抗冻性	水、冻融作用	抗冻等级、耐久性系数
钢筋锈蚀	H_2O、O_2、氯离子、电流	电位锈蚀率
碱集料反应	R_2O、H_2O、活性集料	膨胀率

21. 什么是随机取样？

答：随机取样是指按试验对象的任何一点被抽取的概率相等的原则抽取样本的方法。

为了保证取样的随机性和代表性，可以采用简单抽签办法或借助于随机数表来确定抽取点。当试验对象是较为均匀的总体时，可以分为时间段或数量段随机抽取试样，组成混合样；当试验对象为非均匀总体时，可采用分层或分部随机抽取试样组成混合样。

22. 什么是人工四分法缩分？

答：将混合试样拌合均匀后置于平板上并摊平成"圆饼"形，然后沿相互垂直的两条直径，将"圆饼"分成大致相等的四份，取其对角的两份重新拌匀，再摊成"圆饼"形。重复上述过程，直至把试样缩分至略多于进行试验所需数量为止。

第二章 建筑材料试验

第一节 水 泥

1. 与常用水泥有关的现行标准有哪些？

答：(1)《通用硅酸盐水泥》(GB 175—2007)

(2)《水泥胶砂强度检验方法（ISO 法）》(GB/T 17671—1999)

(3)《水泥压蒸安定性试验方法》(GB/T 750—1992)

(4)《水泥细度检验方法 筛析法》(GB/T 1345—2005)

(5)《水泥胶砂流动度测定方法》(GB/T 2419—2005)

(6)《水泥标准稠度用水量、凝结时间、安定性检验方法》(GB/T 1346—2011)

(7)《水泥强度快速检验方法》(JC/T 738—2004)

(8)《水泥取样方法》(GB 12573—2008)

2. 水泥的取样方法、批量等有哪些规定？

答：(1) 袋装水泥取样。

对同一水泥厂生产的同期出厂的同品种、同强度等级的水泥，以一次进厂（场）的同一出厂编号的水泥为一批，但一批的总量不得超过 200t。随机地从不少于 20 袋中各采取等量水泥，经混拌均匀后，再从中称取不少于 12kg 水泥作为检验试样。

取样采用"取样管"（图 2-1），将取样管插入水泥适当深度，用大拇指按住气孔，小心地抽出取样管，将所取样品放入洁净、干燥、不易受污染的容器中。

(2) 散装水泥取样。

对同一水泥厂生产的同期出厂的同品种、同强度等级的水泥，以一次进厂（场）的同一出厂编号的水泥为一批，但一批的总量不得超过 500t。随机地从不少于 3 个车罐中各采取等量水泥，经混拌均匀后，再从中称取不少于 12kg 水泥作为检验试样。取样采用"槽形管状取样器"（图 2-2），通过转动取样器内管控制开关，在适当位置插入水泥一定深度，关闭后小心抽出。将所取样品放入洁净、干燥、不易受污染的容器中。

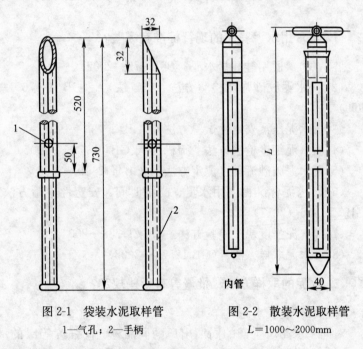

图 2-1　袋装水泥取样管
1—气孔；2—手柄

图 2-2　散装水泥取样管
L＝1000～2000mm

3. 水泥的标志有何要求？

答：（1）袋装水泥包装袋上应清楚标明：执行标准、水泥品种、代号、强度等级、生产者名称、生产许可证标志（QS）及编号、出厂编号、包装日期、净含量。包装袋两侧应根据水泥的品种采用不同的颜色印刷水泥名称和强度等级，硅酸盐水泥和普通硅酸盐水泥采用红色；矿渣硅酸盐水泥采用绿色；火山灰质硅酸盐水泥、粉煤灰硅酸盐水泥和复合硅酸盐水泥用黑色或蓝色。

（2）散装水泥发运时应提交与袋装标志相同内容的卡片。

4. 常用水泥的品种有哪些？代号是什么？

答：常用水泥的品种、代号和组分见表2-1。

常用水泥的品种、代号和组分　　　　表 2-1

品　种	代　号	组分（%）				
		熟料＋石膏	粒化高炉矿渣	火山灰质混合材料	粉煤灰	石灰石
硅酸盐水泥	P·I	100	—	—	—	—
	P·II	≥95	≤5	—	—	—
		95	—	—	—	≤5
普通硅酸盐水泥	P·O	≥80且<95	>5且≤20			
矿渣硅酸盐水泥	P·S·A	≥50且<80	>20且≤50	—	—	—
	P·S·B	≥30且<50	>50且≤70	—	—	≤5
火山灰质硅酸盐水泥	P·P	≥60且<80		>20且≤40		
粉煤灰硅酸盐水泥	P·F	≥60且<80			>20且≤40	
复合硅酸盐水泥	P·C	≥50且<80	>20且≤50			

5. 常用水泥必试项目的试验结果如何评定？

答：（1）水泥胶砂强度试验评定

1）抗折强度：试验结果以 3 个试体平均。当 3 个强度值中其中有 1 个值超过平均值±10%，应剔除后再平均作为抗折强度的试验结果；若有两个值超过平均值±10%，试验结果视为无效，应重新进行试验。

2）抗压强度：以一组 3 个棱柱体上得到的 6 个抗压强度测定值的算术平均值为试验结果。如 6 个测定值中有一个超出 6 个平均值的±10%，应剔除这个结果，而以剩下 5 个的平均数为结果。如果 5 个测定值中再有超过它们平均数±10％，则此组结果作废。

3）水泥强度的评定：以抗折、抗压强度均满足该强度等级的标准要求，方可评为强度符合该强度等级的要求，并应按委托强度等级评定。

水泥各龄期强度最低值见表 2-2。

通用硅酸盐水泥各龄期的强度要求（GB 175—2007）　表 2-2

品　种	强度等级	抗压强度（MPa）		抗折强度（MPa）	
		3d	28d	3d	28d
硅酸盐水泥	42.5	17.0	42.5	3.5	6.5
	42.5R	22.0		4.0	
	52.5	23.0	52.5	4.0	7.0
	52.5R	27.0		5.0	
	62.5	28.0	62.5	5.0	8.0
	62.5R	32.0		5.5	
普通硅酸盐水泥	42.5	17.0	42.5	3.5	6.5
	42.5R	22.0		4.0	
	52.5	23.0	52.5	4.0	7.0
	52.5R	27.0		5.0	
矿渣水泥、火山灰水泥、粉煤灰水泥、复合硅酸盐水泥	32.5	10.0	32.5	2.5	5.5
	32.5R	15.0		3.5	
	42.5	15.0	42.5	3.5	6.5
	42.5R	19.0		4.0	
	52.5	21.0	52.5	4.0	7.0
	52.5R	23.0		4.5	

注：带 R 的为早强型。

（2）水泥安定性试验评定

沸煮结束后，立即放掉箱中的热水，打开箱盖，待箱体冷却至室温，取出试件进行判别。

若为雷氏夹，测量雷氏夹指针尖端间的距离（C），准确至 0.5mm，当两个试件煮后增加距离（$C-A$）的平均值不大于

5.0mm 时，即认为该水泥安定性合格。当两个试件煮后增加距离（$C-A$）的平均值大于 5.0mm 时，应用同一样品立即重做一次试验，以复检结果为准。

若为试饼，目测试饼未发现裂缝，用钢直尺检查也没有弯曲（使钢直尺和试饼底部紧靠，以两者间不透光为不弯曲）的试饼为安定性合格，反之为不合格。当两个试饼判别结果有矛盾时，该水泥的安定性为不合格。

（3）水泥凝结时间

水泥凝土结时间见表 2-4。

6. 水泥试验结果的判定规则是什么？

答：氧化镁、三氧化硫、凝结时间、安定性试验结果均符合规定的，为合格品。

凡氧化镁、三氧化硫、凝结时间、安定性中的任一项试验结果不符合规定时，均为不合格品。

7. 常用水泥的适用范围及技术要求是什么？

答：常用水泥的适用范围见表 2-3，技术要求见表 2-4。

常用水泥的适用范围　　　　　　　　表 2-3

水泥品种	适用范围	
	适用于	不适用于
硅酸盐水泥	1. 配制高强混凝土 2. 预应力混凝土 3. 道路、低温下施工的工程 4. 快硬早强结构	1. 大体积混凝土 2. 地下工程 3. 受化学侵蚀的工程
普通硅酸盐水泥	同上	同上
矿渣硅酸盐水泥	1. 地面、地下、水中混凝土工程 2. 高温车间 3. 采用蒸汽养护的预制构件	1. 对早强要求较高的工程 2. 受冻融循环、干湿交替的工程
火山灰质硅酸盐水泥	1. 地下、水下工程 2. 大体积混凝土工程 3. 一般工业与民用建筑	1. 需要早强的工程 2. 受冻融循环、干湿交替的工程

水泥品种	适用范围	
	适用于	不适用于
粉煤灰硅酸盐水泥	1. 地下工程 2. 大体积混凝土工程 3. 一般工业与民用建筑	1. 需要早强的工程 2. 低温环境下施工而无保温措施的工程
复合硅酸盐水泥	1. 一般混凝土工程 2. 配制砌筑、抹面砂浆等	1. 需要早强的工程 2. 受冻融循环、干湿交替的工程

常用水泥的技术要求　　　　　　　　　　　　　　　　表 2-4

		水泥品种							
		P·I	P·II	P·O	P·S·A	P·S·B	P·P	P·F	P·C
细度	比表面积（m²/kg）	>300							
	80μm 筛筛余（%）	—			≤10				
凝结时间	初凝时间	≥45min							
	终凝时间	390min		600min					
安定性（%）		用沸煮法检验必须合格							
不溶物（%）		≤0.75	≤1.50	—					
烧失量（%）		≤3.0	≤3.5	≤5.0	—				
三氧化硫（%）		≤3.5			≤4.0		≤3.5		
氧化镁（%）		≤5.0		≤6.0	—		≤6.0		
氯离子（%）		≤0.06							
碱含量（按 Na₂O+0.658K₂O 计）		要求低碱水泥时≤0.6%							
强度（N/mm²）		见表 2-2							

8. 水泥强度快速检验方法的适用范围是什么？

答：水泥强度快速检验方法是按《水泥胶砂强度检验方法（ISO 法）》（GB/T 17671）有关要求制备 40mm×40mm×160mm 胶砂试体，采用 55℃湿热养护加速水泥水化 24h 后进行抗压强度试验，从而获得水泥快速强度，预测标准养护条件下水泥 28d 抗压强度。

水泥强度快速检验方法适用于硅酸盐水泥、普通硅酸盐水泥、矿渣硅酸盐水泥、火山灰质硅酸盐水泥、粉煤灰硅酸盐水泥和复合硅酸盐水泥的水泥强度快速检验以及 28d 水泥抗压强度的预测。

9. 如何测定水泥标准稠度用水量（标准法）？

答：《水泥标准稠度用水量、凝结时间、安定性检验方法》（GB/T 1346—2011）规定，水泥标准稠度用水量的测定有标准法（试杆法）和代用法（试锥法），发生矛盾时以标准法为准。

（1）主要仪器设备

水泥净浆搅拌机；标准法维卡仪（图 2-3）；标准养护箱；水泥净浆试模；天平：最大称量不小于 1000g，分度值不大于 1g；量筒：精度±0.5mL；平板玻璃：边长或直径 100mm、厚度 4～5mm。

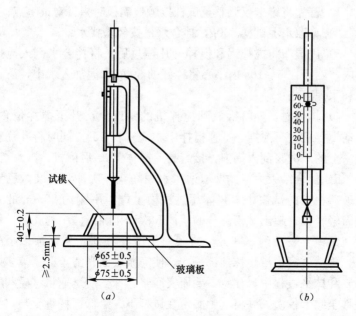

图 2-3 测定水泥标准稠度用水量和凝结时间用维卡仪（一）

（a）初凝时间测定用立式试模的侧视图；（b）终凝时间测定用反转试模前视图

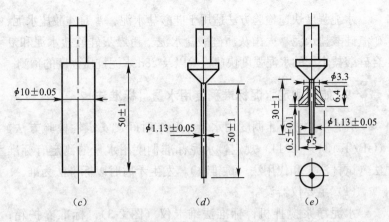

图 2-3 测定水泥标准稠度用水量和凝结时间用维卡仪（二）
(c) 标准稠度用试杆；(d) 初凝用试针；(e) 终凝用试针

（2）试验步骤

1）首先将维卡仪调整至试杆接触玻璃板时指针对准零点；

2）称取水泥试样 500g，拌合水量按经验找水；

3）用湿布将搅拌锅和搅拌叶片擦过后，将拌合水倒入搅拌锅内，然后在 5～10s 内小心将称好的 500g 水泥加入水中，防止水和水泥溅出；

4）拌合时，先将锅放到搅拌机的锅座上，升至搅拌位置。启动搅拌机进行搅拌，低速搅拌 120s，停拌 15s，同时将叶片和锅壁上的水泥浆刮入锅内，接着高速搅拌 120s 后停机；

5）拌合结束后，立即取适量水泥净浆一次性将其装入已置于玻璃板上的试模中，浆体超过试模上端，用宽约 25mm 的直边刀轻轻拍打超出试模部分的浆体 5 次以排除浆体中的孔隙，然后在试模上表面约 1/3 处，略倾斜于试模分别向外锯掉多余净浆，再从试模边沿轻抹顶部一次，使净浆表面光滑。在锯掉多余净浆和抹平过程中，注意不要压实净浆。抹平后迅速将试模和底板移至维卡仪上，并将其中心定在试杆下。降低试杆直至与水泥净浆表面接触，拧紧螺钉 1～2s 后，突然放松，使试杆垂直自由地沉入水泥净浆中，在试杆停止沉入或释放试杆 30s 时记录试杆距底板之间的距离。整个操作应在搅拌后 1.5min 内完成。

（3）数据处理及结果评定

以试杆沉入净浆并距底板 6mm±1mm 的水泥净浆为标准稠度净浆。其拌合水量为该水泥的标准稠度用水量（p），以水泥质量的百分比计。按下式计算：

$$p = \frac{拌合用水量}{水泥质量} \times 100\% \qquad (2\text{-}1)$$

10. 如何测定水泥凝结时间？

答：凝结时间的测定可以用人工测定，也可用符合标准操作要求的自动凝结时间测定仪测定，一般以人工测定为准。

（1）试验条件

1）试验室温度为（20±2）℃，相对湿度应不低于 50%；水泥试样、拌合水、仪器和用具的温度应与试验室温度一致；

2）湿气养护箱的温度为（20±1）℃，相对湿度应不低于 90%。

（2）主要仪器设备

标准法维卡仪（将试杆更换为试针，见图 2-3d、e），其他仪器设备同标准稠度测定。

（3）试验步骤

1）称取水泥试样 500g，按标准稠度用水量制备标准稠度水泥净浆，并一次装满试模，振动数次刮平，立即放入湿气养护箱中。记录水泥全部加入水中的时间作为凝结时间的起始时间；

2）初凝时间的测定。首先调整凝结时间测定仪，使其试针接触玻璃板时的指针为零。试模在湿气养护箱中养护至加水后 30min 时进行第一次测定：将试模放在试针下，调整试针与水泥净浆表面接触，拧紧螺钉，然后突然放松，试针垂直自由地沉入水泥净浆。观察试针停止下沉或释放试杆 30s 时指针的读数。临近初凝时，每隔 5min 测定一次，当试针沉至距底板（4±1）mm 时为水泥达到初凝状态；

3）终凝时间的测定。为了准确观察试针沉入的状况，在试针上安装一个环形附件。在完成水泥初凝时间测定后，立即将试模连同浆体以平移的方式从玻璃板取下，翻转180°，直径大端向上，小端向下放在玻璃板上，再放入湿气养护箱中继续养护，临近终凝时间时每隔15min测定一次，当试针沉入水泥净浆只有0.5mm时，即环形附件开始不能在水泥浆上留下痕迹时，为水泥达到终凝状态。

（4）注意事项

1）在整个测试过程中试针沉入的位置至少要距试模内壁10mm；

2）临近初凝，每隔5min（或更短时间）测定一次；临近终凝，每隔15min（或更短时间）测定一次；

3）达到初凝时应立即重复测一次，当两次结论相同时才能确定达到初凝状态；达到终凝时，需要在试体另外两个不同点测试，确认结论相同才能确定达到初凝状态或终凝状态；

4）每次测试不能让试针落入原针孔，每次测完须将试针擦净并将试模放回湿气养护箱，整个测试过程防止试模受振。

（5）测试结果及评定

1）由水泥全部加入水中至初凝状态的时间为水泥的初凝时间，用"min"表示；

2）由水泥全部加入水中至终凝状态的时间为水泥的终凝时间，用"min"表示。

初凝时间及终凝时间均应满足表2-4中凝结时间要求。

11. 如何测定水泥安定性（雷氏法）？

答：水泥安定性的测定方法有标准法（雷氏法）和代用法（饼法）两种，有争议时以标准法为准。

（1）试验仪器设备

雷式夹（由铜质材料制成，其结构见图2-4。当用300g砝码校正时，两根针的针尖距离增加应在17.5mm±2.5mm范围内，见图2-5）；雷式夹膨胀测定仪（其标尺最小刻度为0.5mm，见图2-6所示）；沸煮箱（能在30min±5min内将箱内的试验用水

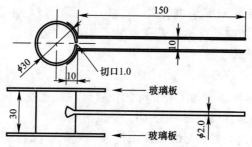

图 2-4　雷式夹示意图

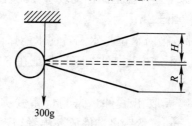

图 2-5　雷式夹校正图

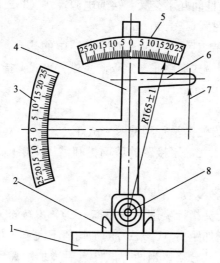

图 2-6　雷式夹膨胀测定仪示意图

1—底座；2—模子座；3—测弹性标尺；4—立柱；5—测膨胀值标尺；

6—悬臂；7—悬丝；8—弹簧顶钮

由室温升至沸腾状态并保持 3h 以上，整个过程不需要补充水量）；水泥净浆搅拌机、天平、湿气养护箱、小刀等。

（2）试验步骤

1）测定前准备工作：每个试样需成型两个试件，每个雷式夹需配备两块质量为 75~85g 的玻璃板，一垫一盖，并先在与水泥接触的玻璃板和雷式夹表面涂一层机油；

2）将制备好的标准稠度水泥净浆立即一次装满雷式夹，用小刀插捣数次，抹平，并盖上涂油的玻璃板，然后将试件移至湿气养护箱内养护 24h±2h；

3）调整好沸煮箱内水位与水温，使水能保证在整个沸煮过程中都超过试件，不需中途加水，又能保证在（30±5)min 之内升至沸腾；

4）取下玻璃板取出试件，先测量雷式夹指针尖的距离（A），精确至 0.5mm。然后将试件放入沸煮箱水中的试件架上，指针朝上，试件间互不交叉。接通电源，在（30±5)min 之内升至沸腾，并保持（180±5)min；

5）沸煮结束后，立即放掉沸煮箱中的热水，冷却至室温，取出试件，用雷式夹膨胀测定仪测量试件雷式夹指针尖端的距离（C），精确至 0.5mm。

（3）注意事项

1）每种方法需平行测试两个试件；

2）凡与水泥净浆接触的玻璃板和雷氏夹层内表面要刷一薄层机油。

（4）数据处理及结果评定

测量雷氏夹指针尖端间的距离（C），准确至 0.5mm，当两个试件煮后增加距离（$C-A$）的平均值不大于 5.0mm 时，即认为该水泥安定性合格。当两个试件煮后增加距离（$C-A$）的平均值大于 5.0mm 时，应用同一样品立即重做一次试验，以复检结果为准。

12. 如何进行水泥胶砂强度（ISO法）试验?

答：（1）主要仪器设备

行星式胶砂搅拌机（搅拌叶片和搅拌锅相反方向转动的搅拌设备，见图 2-7）。试模（可装拆的三联试模，试模内腔尺寸为40mm×40mm×160mm，见图 2-8）；壁高 20mm 的金属模套；胶砂振实台；抗折强度试验机，见图 2-9；抗压强度试验机；抗压夹具；两个播料器、金属刮平直尺、标准养护箱等。

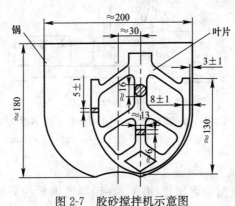

图 2-7　胶砂搅拌机示意图

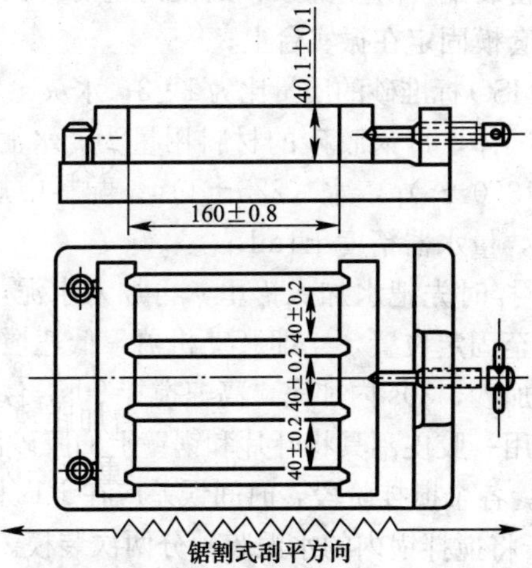

图 2-8　水泥试模

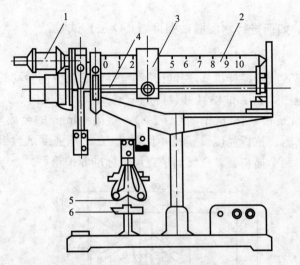

图 2-9　抗折强度试验机

1—平衡砣；2—大杠杆；3—游动砝码；4—传动丝杠；5—抗折夹具；6—手轮

（2）试验步骤

1）胶砂试件的制备

①试件成型前将试模擦净，在四周的模板与底座的接触面上涂黄油，紧密装配，防止漏浆；试模内壁均匀刷一薄层机油，并将空试模和套模固定在振实台上；

②水泥与 ISO 标准砂的质量比为 1∶3，水灰比为 0.50。一锅胶砂成型三条试体，每锅胶砂的材料用量为：水泥（450±2）g，ISO 标准砂（1350±5）g，水（225±1）g。配料中规定称量用天平精度为±1g，量水器精度±1mL；

③胶砂搅拌时先把水加入锅里，再加入水泥，把锅放在固定架上，上升至固定位置，立即开动机器，低速搅拌 30s，在第二个 30s 开始加砂，30s 内加完，高速搅拌 30s，停拌 90s，从停拌开始 15s 内用一胶皮刮具将叶片和锅壁上的胶砂刮入锅内，再高速搅拌 60s。各个搅拌阶段，时间误差应在±1s 以内；

④用勺子将搅拌锅内的水泥胶砂分两次装模。装第一层时，每个模槽里约放 300g 胶砂，用大播料器垂直架在套模顶部沿每

一个模槽来回一次将料层刮平，接着振动 60 次，再装入第二层胶砂，用小播料器刮平，再振动 60 次；

⑤ 移走套模，从振实台上取下试模，用一金属直尺近似 90° 的角度架在试模模顶的一端，然后沿试模长度方向以横向锯割动作慢慢向另一端移动，一次将超过试模部分的胶砂刮去，并用同一直尺以近似水平的情况下将试体表面抹平；

⑥ 在试模上做好标记或用字条标明试件编号。

2）胶砂试件的养护

① 将成型好的试件连同试模一起放入标准养护箱中养护，在温度（20±1）℃，相对湿度不低于 90% 的条件下养护；

② 养护 20～24h 之间取出脱模。脱模前应对试件进行编号或做好其他标记，在编号时应将同一试模中的三条试件分在两个以上的龄期内同时编上成型与测试日期。然后脱模，脱模时应防止损伤试件。对于硬化较慢的水泥允许 24h 后脱模，但须记录脱模时间；

③ 试件脱模后立即水平或垂直放入（20±1）℃水中养护，水平放置时刮平面应朝上。养护期间应让水与试件 6 个面充分接触，试件之间留有间隙，水面至少高出试件 5mm，并随时加水以保持恒定水位，不允许在养护期间完全换水；

④ 水泥胶砂试件养护至各规定龄期。试件龄期从水泥加水搅拌开始试验时算起。不同龄期的强度试验应在下列时间里进行：24h±15min；48h±30min；72h±45min；7d±2h；≥28d ±8h。

3）水泥强度测试

各龄期的试件必须在规定的时间内进行强度测试。试件从水中取出后，揩去试件表面沉积物，并用湿布覆盖至试验为止。先用抗折试验机以中心加荷法测定抗折强度，然后将折断的试件进行抗压试验测定抗压强度。

① 抗折强度的测定。每龄期取出 3 条试件先做抗折强度试验。试验前须擦去试件表面的附着水分和砂粒，清除夹具上圆柱

表面粘着的杂物。试件放入夹具前，应使杠杆成平衡状态。试件放入夹具内，应使试件侧面与试验机支撑圆柱接触，试件长轴垂直于支撑圆柱，见图2-10。启动试验机，以（50±10)N/s的速度均匀地加荷直至试体断裂。记录最大抗折破坏荷载（N）。

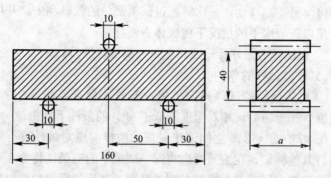

图 2-10　抗折强度测定示意图

② 抗压强度的测定。抗折强度试验后的 6 个断块试件保持潮湿状态，并立即进行抗压试验。将断块试件放入抗压夹具内，并以试件的侧面作为受压面。试件的底面靠紧夹具定位销，并使夹具对准压力机压板中心。启动试验机，以（2.4±0.2)kN/s的速度进行加荷，直至试件破坏。记录最大抗压破坏荷载（N）。

（3）注意事项

① 试模内壁应在成型前涂一层薄隔离剂；

② 养护时不应将试模叠放；

③ 脱模时应小心操作，防止试件受损；

④ 强度检测时，应将收浆面作为侧面。

⑤ 根据《通用硅酸盐水泥》（GB 175—2007）规定，火山灰质硅酸盐水泥、粉煤灰硅酸盐水泥、复合硅酸盐水泥和掺火山灰质混合材料的普通硅酸盐水泥在进行胶砂强度检验时，其用水量按 0.50 水灰比和胶砂流动度不小于 180mm 来确定。当流动度小于 180mm 时，须以 0.01 的整倍数递增的方法将水灰比调整至胶砂流动度不小于 180mm。胶砂流动度的试验按 GB/T 2419 进行。

（4）数据处理及结果评定

1）抗折强度

① 每个试件的抗折强度 $f_{ce,m}$ 按下式计算（精确至 0.1MPa）：

$$f_{ce,m} = \frac{3FL}{2b^3} = 0.00234F \qquad (2-2)$$

式中　F——折断时施加于棱柱体中部的荷载，N；

　　　L——支撑圆柱体之间的距离（mm），$L=100mm$；

　　　b——棱柱体截面正方形的边长（mm），$b=40mm$。

② 以一组 3 个试件抗折结果的平均值作为试验结果。当 3 个强度值中有超出平均值±10%时，应剔除后再取平均值作为抗折强度试验结果。试验结果，精确至 0.1MPa。

2）抗压强度

① 每个试件的抗压强度 $f_{ce,c}$ 按下式计算（MPa，精确至 0.1MPa）：

$$f_{ce,c} = \frac{F}{A} = 0.000625F \qquad (2-3)$$

式中　F——试件破坏时的最大抗压荷载，N；

　　　A——受压部分面积，mm^2（$40mm \times 40mm = 1600mm^2$）。

② 以一组 3 个棱柱体上得到的 6 个抗压强度测定值的算术平均值作为试验结果。如 6 个测定值中有 1 个超出 6 个平均值的 ±10%，就应剔除这个结果，而以剩下 5 个的平均值作为结果。如果 5 个测定值中再有超过它们平均值±10%的，则此组结果作废。试验结果精确至 0.1MPa。

第二节　砂、石

13. 与砂、石试验有关的现行标准有哪些？

答：（1）《普通混凝土用砂、石质量及检验方法标准》（JGJ 52—2006）

（2）《建设用砂》（GB/T 14684—2011）

（3）《建筑用卵石、碎石》（GB/T 14685—2011）

14. 砂试验的取样批次、取样方法和数量有哪些规定？

答：（1）砂试验应以同一产地、同一规格、同一进厂（场）时间，每 400m³ 或 600t 为一验收批，不足 400m³ 或 600t 也为一验收批。

（2）取样方法

1）在料堆上取样时，取样部位均匀分布，取样时应先将取样部位表面铲除，然后从各部位抽取大致相等的砂 8 份，组成一组样品。

2）从带式运输机上取样时，应用与皮带等宽的接料器在皮带运输机出料处全断面定时随机抽取大致等量的砂 4 份，组成一组样品。

3）从火车、汽车、货船上取样时，从不同部位和深度随机抽取大致相等的砂 8 份，组成一组样品。

4）建筑施工企业应按单位工程分别取样。

（3）每一验收批取样一组，对于每一单项检验项目，砂的每组样品取样数量应满足表 2-5 的规定。当需要做多项检验时，可在确保样品经一项试验后不致影响其他试验结果的前提下，用同一组样品进行多项不同的试验。

砂每项试验所需砂的最少取样数量 表 2-5

检验项目	最少取样数量（kg）	检验项目		最少取样数量（kg）
颗粒级配	4.4	贝壳含量		9.6
含泥量	4.4	坚固性	天然砂	8.0
泥块含量	20.0		机制砂	20.0
石粉含量	6.0	表观密度		2.6
云母含量	0.6	松散堆积密度与空隙率		5.0
轻物质含量	3.2	碱集料反应		20.0
有机物含量	2.0	放射性		6.0
硫化物及硫酸盐含量	0.6	饱和面干吸水率		4.4
氯化物含量	4.4			

15. 普通混凝土用砂的质量要求有哪些？

答：（1）供货单位应提供产品合格证及质量检验报告。

（2）配制混凝土时宜优先选用Ⅱ区中砂；当采用Ⅰ区砂时，应提高砂率，并保证足够的水泥用量，以满足混凝土的和易性；当采用Ⅲ区砂时，应降低砂率，以保证混凝土的强度。

对于泵送混凝土用砂，宜选用中砂。当天然砂颗粒级配不符合要求时，应采取措施，经试验证明，能确保工程质量，方允许使用；当机制砂颗粒级配不合格，不允许使用，可通知厂家改进。

（3）对含泥量（泥块含量）、石粉含量和压碎指标不合格的砂，不允许在相应的混凝土中使用。

（4）砂不应混有草根、树叶、塑料品、煤渣、炉渣等杂物。砂中如含有云母、轻物质、有机物、硫化物及硫酸盐、氯化物等，其含量应符合表 2-6 的规定。

砂中的有害物质含量的限值　　　　　　表 2-6

项　目	砂		
	Ⅰ	Ⅱ	Ⅲ
云母含量（按质量计，%）	≤1.0	≤2.0	
轻物质含量（按质量计，%）	≤1.0		
有机物含量（比色法）	合格		
硫化物及硫酸盐含量（折算成 SO_3，按质量计，%）	≤0.5		
氯化物（以氯离子质量计，%）	≤0.01	≤0.02	≤0.05

（5）砂的坚固性。采用硫酸钠溶液法进行试验，砂样经 5 次循环后其质量损失应符合表 2-7 的规定。

天然砂坚固性指标　　　　　　表 2-7

类别 项目	Ⅰ	Ⅱ	Ⅲ
质量计损失（%）	8		10

（6）对重要工程混凝土使用的砂，应采用砂浆长度法进行集料的碱活性试验。经检验判断为有潜在危害时，应采取下列措施：

1）使用含碱量小于 0.6% 的水泥或采用能抑制碱-集料反应的掺合料。

2）当使用含钾、钠离子的外加剂时，必须进行专门试验。

（7）砂的放射性指标限量应符合表 2-8 的规定。

砂的放射性指标限量

表 2-8

测定项目	限　量
内照射指数	≤1.0
外照射指数	≤1.0

16. 建筑用砂必试项目有哪些？

答：（1）天然砂：筛分析；含泥量；泥块含量。

（2）机制砂：筛分析；石粉含量（含亚甲蓝试验）；泥块含量；压碎指标。

17. 砂的筛分析试验方法是什么？

答：（1）主要仪器

方孔筛：应满足 GB/T 6003.1 和 GB/T 6003.2 中方孔试验筛的规定，规格为 $150\mu m$、$300\mu m$、$600\mu m$、1.18mm、2.36mm、4.75mm 及 9.5mm 的筛各一只，并附有筛底和筛盖；天平：称量1000g，感量 1g；鼓风烘箱：能使温度控制在（105±5）℃；摇筛机、浅盘和硬、软毛刷等。

（2）试样制备

按缩分法将试样缩分至约 1100g，放在烘箱中于（105±5）℃下烘干至恒质量，待冷却至室温后，筛除大于 10.00mm的颗粒（并计算出其筛余百分率），分为大致相等的两份备用。

（3）试验步骤

1）称取试样 500g，精确至 1g。将试样倒入按孔径大小从上到下（大孔在上，小孔在下）组合的套筛（附筛底）上，然后进行筛分。

2）将套筛置于摇筛机上，摇 10min 后取下套筛，按筛孔大小顺序再逐个用手筛，筛至每分钟通过量小于试样总量的 0.1% 为止。通过的试样并入下一号筛中，并和下一号筛中的试样一起过筛，这样顺序进行，直至各号筛全部筛完为止。

3）试样在各号筛上的筛余量不得超过按式（2-4）计算出的量，超过时应按该筛的筛余试样分成两份或数份，再次进行筛分，并以其筛余量之和作为该筛的筛余量。

$$G = \frac{A \times \sqrt{d}}{200} \qquad (2-4)$$

式中 G——在一个筛上的筛余量，g；

A——筛面面积，mm；

d——筛孔尺寸，mm。

4）称出各号筛的筛余量，精确至 1g。

（4）结果计算与评定

1）计算分计筛余百分率：分计筛余百分率为各号筛的筛余量与试样总量之比，计算精确至 0.1%。

2）计算累计筛余百分率：累计筛余百分率为该号筛的分计筛余百分率加上该号筛以上各筛的分计筛余百分率之和，计算精确至 0.1%。筛分后，如每号筛的筛余量与筛底的剩余量之和同原试样质量之差超过 1% 时，需重新试验。

3）根据各筛的累计筛余百分率，采用修约比较法评定该试样的颗粒级配。累计筛余百分率取两次试验结果的算术平均值，精确至 1%。

砂的颗粒级配可按 600μm 筛孔的累计筛余百分率分成三个级配区，见表 2-9。

砂的分类	天然砂			人工砂		
级配区	1 区	2 区	3 区	1 区	2 区	3 区
方筛孔	累计筛余（%）					
4.75mm	10～0	10～0	10～0	10～0	10～0	10～0
2.36mm	35～5	25～0	15～0	35～5	25～0	15～0
1.18mm	65～35	50～10	25～0	65～35	50～10	25～0
600μm	85～71	70～41	40～16	85～71	70～41	40～16
300μm	95～80	92～70	85～55	95～80	92～70	85～55
150μm	100～90	100～90	100～90	97～85	94～80	94～75

砂的实际颗粒级配与表中累计筛余相比，除 4.75mm 和 600μm 筛档外，可以略有超出，但各级累计筛余超出值总和应不大于 5%。

4）砂的细度模数 M_x 按下式计算，精确至 0.01：

$$M_x = \frac{(A_2 + A_3 + A_4 + A_5 + A_6) - 5A_1}{100 - A_1} \qquad (2\text{-}5)$$

式中　A_1、…、A_6——依次为公称直径 4.75mm、…、150μm 筛上的累计筛余百分率；

M_x——砂的细度模数。

5）细度模数取两次试验结果的算术平均值，精确至 0.1；如两次试验的细度模数之差超过 0.20 时，应重新取样进行试验。

6）建设用砂按细度模数 M_x 分为粗、中、细三种规格。M_x 在 3.7～3.1 为粗砂，3.0～2.3 为中砂，2.2～1.6 为细砂。

18. 砂中含泥量与石粉含量试验方法是什么？试验结果如何评定？

答：（1）试验仪器

天平：最大称量 1000g，感量 1g；鼓风烘箱：温度控制范围

（105±5）℃；方孔筛：孔径为 75μm 及 1.18mm 的方孔筛各一只；洗砂用的容器（深度大于 250mm）及烘干用的搪瓷盘、毛刷等。

（2）试样制备

样品缩分至 1100g，置于温度为（105±5）℃的烘箱内烘干至恒重，冷却至室温后，分为大致相等的两份备用。

（3）试验步骤

1）称取试样 500g，精确至 0.1g，注入清水，使水面高出试样面约 150mm，充分搅拌均匀后浸泡 2h，然后用手在水中淘洗试样，使尘屑、淤泥和黏土与砂粒分离，缓缓地将浑水倒入 1.18mm 及 75μm 的套筛上（1.18mm 筛放在 75μm 筛上面），滤去小于 75μm 的颗粒。试验前筛子的两面应先用水润湿，在整个试验过程中应注意避免砂粒流失。

2）再向容器中注入清水，重复上述过程，直至容器内的水目测清澈为止。

3）用水淋洗剩余在筛上的细粒，并将 75μm 筛放在水中（使水面略高出筛中砂粒的上表面）来回摇动，以充分洗除小于 75μm 的颗粒。然后将两只筛上筛余颗粒和容器中已经洗净的试样一并装入搪瓷盘，置于温度为（105±5）℃的烘箱中烘干至恒重。取出来冷却至室温后，称出其质量，精确至 0.1g。

（4）试验结果计算与评定

1）含泥量（机制砂石粉含量）按下式计算，精确至 0.1%：

$$Q_a = \frac{G_0 - G_1}{G_0} \times 100\% \qquad (2\text{-}6)$$

式中　Q_a——含泥量，%；

　　　G_0——试验前烘干试样质量，g；

　　　G_1——试验后的烘干试样质量，g。

2）以两个试样的试验结果算术平均值作为测定值。

3）天然砂中含泥量按表 2-10 评定，机制砂中石粉量按表 2-11 评定。

天然砂中含泥量和泥块含量限值   表 2-10

类　别	I	II	III
含泥量（按质量计，%）	≤1.0	≤3.0	≤5.0
泥块含量（按质量计，%）	0	≤1.0	≤3.0

机制砂中石粉含量和泥块含量限值   表 2-11

类　别		I	II	III
MB值≤1.4或合格	MB值	≤0.5	≤1.0	≤1.4 或合格
	石粉含量（按质量计，%）	≤10.0		
	泥块含量（按质量计，%）	0	≤1.0	≤2.0
MB值>1.4或不合格	石粉含量（按质量计，%）	≤1.0	≤3.0	≤5.0
	泥块含量（按质量计，%）	0	≤1.0	≤2.0

19. 亚甲蓝 MB 值的测定方法是什么?

答：（1）试剂和材料

1）亚甲蓝：（$C_{16}H_{18}CIN_3S \cdot 3H_2O$）含量≥95%。

2）亚甲蓝溶液：将亚甲蓝粉末在（105±5）℃下烘干至恒重（要注意，烘干温度不得超过 105℃，否则，亚甲蓝粉末会变质），称取烘干亚甲蓝粉末 10g，精确至 0.01g，倒入盛有约 600mL 蒸馏水（水温加热至 35～40℃）的烧杯中，用玻璃棒持续搅拌 40min，直至亚甲蓝粉末完全溶解，冷却至 20℃。将溶液倒入 1L 容量瓶中，用蒸馏水淋洗烧杯等，使所有亚甲蓝溶液全部移入容量瓶，容量瓶和溶液的温度应保持在（20±1）℃，加蒸馏水至容量瓶 1L 刻度。振荡容量瓶以保持亚甲蓝粉末完全溶解。将容量瓶溶液移入深色储藏瓶中，标明制备日期、失效日期（亚甲蓝溶液保质期应不超过 28d）并置于阴暗处保存。

3）定量滤纸：快速。

（2）仪器设备

鼓风干燥箱：温度控制范围（105±5）℃；天平：称量 1000g，感量 0.1g 及称量 100g，感量 0.01g；方孔筛：孔径为

75μm、1.18mm 和 2.36mm 的方孔筛各一只；三片或四片式叶轮搅拌器：转速可调 [最高达（600±60)r/min]，直径（75±10)mm；定时装置：精度 1s；容器：深度大于 250mm；移液管：5mL、2mL 移液管各 1 个；温度计：精度 1℃；玻璃棒：2 支（直径 8mm，长 300mm）；搪瓷盘、毛刷等。

（3）试验步骤

1）亚甲蓝 MB 值的测定

① 将试样缩分至约 400g，放在烘箱中于（105±5)℃下烘干至恒重，待冷却至室温后，筛除大于 2.36mm 的颗粒备用。

② 称取试样 200g，精确至 0.1g。将试样倒入盛有（500±5)mL 蒸馏水的烧杯中，用叶轮搅拌机以（600±60)rpm 转速搅拌 5min，使之成悬浮液，然后持续以（400±40)rpm 转速搅拌，直至试验结束。

③ 悬浮液中加入 5mL 亚甲蓝溶液，以（400±40)rpm 转速搅拌至少 8min 后，用玻璃棒蘸取一滴悬浮液（所取悬浮液应使沉淀物直径在 8～12mm 内），滴于滤纸（滤纸要置于空烧杯或其他合适的支撑物上，以使滤纸表面不与任何固体或液体接触）上。若沉淀物周围未出现色晕，再加入 5mL 亚甲蓝溶液，继续搅拌 1min，再用玻璃棒蘸取一滴悬浮液，滴于滤纸上，若沉淀物周围仍未出现色晕。重复上述步骤，直至沉淀物周围出现 1mm 的稳定浅蓝色色晕。此时，应继续搅拌，不加亚甲蓝溶液，每 1min 进行一次沾染试验。若色晕在 4min 内消失，再加入 5mL 亚甲蓝溶液，若色晕在第 5min 消失，再加入 2mL 亚甲蓝溶液。两种情况下，均应继续进行搅拌和沾染试验，直至色晕可持续 5min。

④ 记录色晕持续 5min 时所加入的亚甲蓝溶液总体积，精确至 1mL。

2）亚甲蓝的快速试验

① 按 1）①制样；

② 按 1）②搅拌；

③ 一次性向烧杯中加入 30mL 亚甲蓝溶液，以（400±40)rpm

转速搅拌 8min，然后用玻璃棒蘸取一滴悬浮液，滴于滤纸上，观察沉淀物周围是否出现明显色晕。

（4）结果计算与评定

1）亚甲蓝 MB 值按下式计算，精确至 0.1。

$$MB = \frac{V}{G} \times 10 \tag{2-7}$$

式中　MB——亚甲蓝值，g/kg。表示每千克 0～2.36mm 粒级试样所消耗的亚甲蓝质量，精确至 0.01；

　　　G——试样质量，g；

　　　V——所加入的亚甲蓝溶液的总量，mL；

　　　10——用于每千克试样消耗的亚甲蓝溶液体积换算成亚甲蓝质量。

2）亚甲蓝快速试验结果评定。若沉淀物周围出现明显色晕，则判定亚甲蓝快速试验为合格，否则为不合格。

20. 砂中泥块含量试验方法是什么？

答：（1）试验仪器

天平：称量 1000g，感量 0.1g；鼓风烘箱：温度控制范围（105±5）℃；试验筛：孔径为 600μm 及 1.18mm 的方孔筛各一只；洗砂用的容器（深度大于 250mm）及搪瓷盘、毛刷等。

（2）试样制备

按规定取样，并将试样缩分至 5000g，置于温度为（105±5）℃的烘箱内烘干至恒重，冷却至室温后，筛除小于 1.18mm 的颗粒，分成大致相等的两份备用。

（3）试验步骤

1）称取试样 200g（G_1），精确至 0.1g，置于容器中，并注入清水，使水面高于试样约 150mm。充分搅拌均匀后，浸泡 24h。然后用手在水中碾碎泥块，再把试样放在 600μm 筛上，用水淘洗，直至容器内的水目测清澈为止。

2）保留下来的试样应小心地从筛中取出，装入浅盘后，置

40

于温度为 (105±5)℃烘箱中烘干至恒重，冷却后称重 (G_2)。

（4）试验结果计算及评定

1）砂中泥块含量按下式计算，精确至 0.1％：

$$Q_b = \frac{G_1 - G_2}{G_1} \times 100\%$$ (2-8)

式中　Q_b——泥块含量，％；

　　　G_1——试验前的烘干试样质量，g；

　　　G_2——试验后的烘干试样质量，g。

2）以两次试验结果的算术平均值作为测定值。

3）天然砂中泥块含量按表 2-10 评定，机制砂中泥块含量按表 2-11 评定。

21. 压碎指标试验方法是什么?

答：（1）仪器设备

压力试验机：50～1000kN；鼓风干燥箱：温度控制范围 (105±5)℃；天平：称量 10kg 或 1000g，感量 1g；受压钢模：由圆筒、底盘和加压块组成，如图 2-11 所示；方孔筛：孔径为 4.75mm、2.36mm、1.18mm、600μm 和 300μm 的方孔筛各一只；搪瓷盘、小勺、毛刷等。

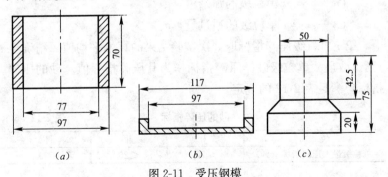

图 2-11　受压钢模
（a）圆筒；（b）底盘；（c）加压块

（2）试验步骤

1）按规定取样，用四分缩分法至 8kg 左右，放在烘箱中于

（105±5）℃下烘干至恒重，待冷却至室温后，筛除 4.75mm 及小于 300μm 的颗粒，然后筛分成 300～600μm，600～1.18mm，1.18～2.36mm 及 2.36～4.75mm 四个粒级，每级 1000g 备用。

2）称取单粒级试样 330g，精确至 1g。试样倒入已经组装好的受压钢模内，使试样距底盘面的高度约为 50mm。整平钢模内试样的表面，将加压块放入圆筒内，转动一周使之与试样均匀接触。

3）将装好试样的受压钢模置于压力机的支承板上，对准压板中心后，开动机器，以每秒钟 500N 的速度加荷。加荷至 25kN 时稳荷 5s 后，以同样速度卸荷。

4）取下受压模，移去加压块，倒出压过的试样，然后用该粒级的下限筛（如粒级为 2.36～4.75mm，则其下限筛指孔径为 2.36mm 的筛）进行筛分，称出试样的筛余量和通过量，均精确至 1g。

（3）结果计算与评定

$$Y_i = \frac{G_2}{G_1 + G_2} \times 100\% \tag{2-9}$$

式中　Y_i——第 i 单粒级压碎指标，%；

　　　G_1——第 i 单粒级的筛余量，g；

　　　G_2——第 i 单粒级的通过量，g。

第 i 单粒级压碎指标取 3 次试验结果的算术平均值，精确至 1%。取最大单粒级砂样压碎指标作为其压碎指标值。砂的压碎指标应满足表 2-12 的规定。

砂的压碎指标　　　　　　　　　　　　　　　表 2-12

类　别	Ⅰ	Ⅱ	Ⅲ
单粒级最大压碎指标（%）	≤20	≤25	≤30

22. 碎（卵）石试验的取样批次、取样方法和数量有哪些规定？

答：（1）碎（卵）石试验应以同一产地、同一规格、同一进

42

厂（场）时间，每 400m^3 或 600t 为一验收批，不足 400m^3 或 600t 也为一验收批。

（2）取样方法：

1）在料堆上取样时，取样部位均匀分布。取样前先将取样部位表面铲除，然后从不同部位随机抽取大致相等的石子 15 份（在料堆的顶部、中部和底部均匀分布的 15 个不同部位取得）组成一组样品。

2）从皮带运输机上取样时，应用与皮带等宽的接料器在皮带运输机出料处，全断面定时随机抽取大致等量的石子 8 份，组成一组样品。

3）从火车、汽车、货船上取样时，从不同部位和深度随机抽取大致等量的石子 16 份，组成一组样品。

4）建筑施工企业应按单位工程分别取样。

（3）取样数量。

每一验收批取样一组，对于每一单项检验项目，石的每组样品取样数量应满足表 2-13 的规定。当需要做多项检验时，可在确保样品经一项试验后不致影响其他试验结果的前提下，用同组样品进行多项不同的试验。

单项试验最少取样数量（kg） 表 2-13

试验项目	最大粒径（mm）							
	9.5	16.0	20.0	26.5	31.5	37.5	63.0	75.0
颗粒级配	9.5	16.0	19.0	25.0	31.5	37.5	63.0	80.0
含泥量	8.0	8.0	24.0	24.0	40.0	40.0	80.0	80.0
泥块含量	8.0	8.0	24.0	24.0	40.0	40.0	80.0	80.0
针、片状颗粒含量	1.2	4.0	8.0	12.0	20.0	40.0	40.0	40.0
表观密度	8.0	8.0	8.0	8.0	12.0	16.0	24.0	24.0
堆积密度与空隙率	40.0	40.0	40.0	40.0	80.0	80.0	80.0	80.0
吸水率	2.0	8.0	8.0	12.0	20.0	40.0	40.0	40.0
碱集料反应	20.0	20.0	20.0	20.0	20.0	20.0	20.0	20.0
放射性	6.0							
岩石抗压强度	随机选取完整石块或钻取试验用样品							

试验项目	最大粒径 (mm)							
	9.5	16.0	20.0	26.5	31.5	37.5	63.0	75.0
含水率	按试验要求的粒级和数量取样							
有机物含量								
硫酸盐和硫化物含量								
坚固性								

 23. 普通混凝土用碎石和卵石的质量要求有哪些?

答: (1) 颗粒级配应符合表 2-14 的规定。

卵石和碎石的颗粒级配　　　　表 2-14

公称粒级 (mm)		累计筛余 (%)											
		方孔筛筛孔边长尺寸 (mm)											
		2.36	4.75	9.50	16.0	19.0	26.5	31.5	37.5	53.0	63.0	75.0	90
连续粒级	5～16	95～100	85～100	30～60	0～10	0							
	5～20	95～100	90～100	40～80	—	0～10	0				—		
	5～25	95～100	90～100		30～70	—	0～5	0					
	5～31.5	95～100	90～100	70～90	—	15～45	—	0～5	0				
	5～40	—	95～100	70～90	—	30～65	—	—	0～5	0			
单粒级	5～10	95～100	90～100	0～15	0～15								
	10～16		95～100	80～100									
	10～20		—	85～100	55～70	0～15	0						
	16～25		95～100	95～100	85～100	25～40	0～10						
	16～31.5			—			0～10	0					
	20～40			95～100		80～100			0～10	0			
	40～80					95～100			70～100		30～60	0～10	0

（2）含泥量和泥块含量应符合表 2-15 的规定。

（3）针、片状颗粒含量应符合表 2-15 的规定。

（4）有害物质含量应符合表 2-15 的规定。

碎石和卵石中有害物质含量、针片状颗粒含量及坚固性指标

表 2-15

项　目	指　标		
	I 类	II 类	III 类
含泥量（按质量计，%）	≤0.5	≤1.0	≤2.0
泥块含量（按质量计，%）	0	≤0.5	≤0.7
针、片状颗粒含量（按质量计，%）	≤8	≤15	≤25
有机物	合格	合格	合格
硫化物及硫酸盐含量（折算成 SO_3，按质量计，%）	≤0.5	≤1.0	≤1.0

（5）坚固性。

采用硫酸钠溶液法进行试验，卵石和碎石的质量损失符合表 2-16 的规定。

碎石和卵石坚固性指标及压碎指标　　　表 2-16

项　目		指　标		
		I 类	II 类	III 类
坚固性指标（质量损失，%）		≤5	≤8	≤12
压碎指标（%）	碎石	≤10	≤20	≤30
	卵石	≤12	≤16	≤16

（6）强度。

1）岩石抗压强度：在水饱和状态下，其抗压强度火成岩应不小于 80MPa，变质岩应不小于 60MPa，水成岩应不小于 30MPa。

2）压碎指标应符合表 2-16 的规定。

（7）表观密度、连续级配松散堆积空隙率

1）表观密度大于 2600kg/m³；

2）连续级配松散堆积空隙率应符合表 2-17 的规定。

碎石和卵石吸水率、连续级配松散堆积空隙率　表 2-17

项　目	指　标		
	I 类	II 类	III 类
连续级配松散堆积空隙率（%）	≤43	≤45	≤47
吸水率（%）	≤1.0	≤2.0	≤2.0

（8）吸水率应符合表 2-17 的规定。

（9）碱集料反应。

经碱集料反应试验后，由卵石、碎石制备的试件无裂缝、酥裂、胶体外溢等现象，在规定的试验龄期膨胀率小于 0.10%。

（10）含水率和堆积密度，报告其实测值。

24. 碎（卵）石必试项目有哪些？

答：（1）颗粒级配；

（2）含泥量；

（3）泥块含量；

（4）针片状颗粒含量；

（5）压碎指标值。

对于混凝土强度等级大于（或等于）C50 的混凝土用碎（卵）石，应在使用前先做压碎指标值检验；对于混凝土强度等级小于 C50 的混凝土用碎（卵）石，每年进行两次压碎指标值检验。

25. 碎（卵）石颗粒级配试验方法是什么？

答：（1）仪器设备

方孔标准筛：规格为 90mm、75.0mm、63.0mm、53.0mm、37.5mm、31.5mm、26.5mm、19.0mm、16.0mm、9.50mm、4.75mm 及 2.36mm 的筛各一个，并附有筛底和筛盖（筛框内径为 300mm）；天平（称量 10kg，感量 1g）和台秤（称量 20kg，

感量 20g）；烘箱：能恒温在（105±5）℃；搪瓷盘、毛刷等。

（2）试验步骤

1）按规定取样，并将试样缩分至不少于表 2-18 所规定数量，烘干或风干后备用；

2）根据试样的最大粒径，称取按表 2-18 规定数量的试样一份，精确至 1g。将试样倒入按孔径大小从上至下组合的套筛（附筛底）上，然后放置于摇筛机上进行筛分。摇筛 10min，取下套筛；

碎石或卵石试验所需试样数量（kg）　　　　表 2-18

最大公称粒径（mm）　　试验项目	9.50	16.0	19.0	26.5	31.5	37.5	63.0	75.0
颗粒级配	1.9	3.2	3.8	5.0	6.3	7.5	12.6	16.0
含泥量	2.0	2.0	6.0	6.0	10.0	10.0	20.0	20.0
针、片状颗粒含量试验	0.3	1.0	2.0	3.0	5.0	10.0	10.0	10.0

3）按孔径大小顺序取下各筛，分别于洁净的铁盘上进行手筛，筛至每分钟试样在筛中的通过量小于试样总量的 0.1% 为止。当筛余颗粒的粒径大于 19.0mm 时，在筛分过程中允许用手拨动试样颗粒，使其能够通过筛孔；

4）通过的颗粒并入下一号筛，并和下一号筛中的试样一起手筛，依此类推，直至各号筛全部筛完为止，称出各号筛的筛余量（精确至 1g）。

（3）结果计算与评定

1）计算分计筛余百分率：各号筛的筛余量与试样总重量之比，精确至 0.1%；

2）计算累计筛余百分率；该号筛的分计筛余百分率加上该号筛以上各分计筛余百分率之和，精确至 0.1%；

3）分计筛余量和底盘中剩余试样的质量总和与筛分前的试样总量相比，其差值不得超过 1%，否则须重新试验；

4）根据各号筛的累计筛余百分率，对照表 2-14，评定试样的颗粒级配是否合格。

26. 碎（卵）石含泥量试验方法是什么？

答：（1）仪器设备

天平：最大称量 1000g，感量 1g；鼓风烘箱：温度控制范围（105±5）℃；方孔筛：孔径为 75μm 及 1.18mm 的方孔筛各一只；容器：要求淘洗试样时，保持试样不溅出；搪瓷盘、毛刷等。

（2）试样制备

按规定取样，并将试样缩分至略大于表 2-18 规定的数量，置于温度为（105±5）℃的烘箱中烘干至恒重，冷却至室温后分成大致相等的两份备用。

（3）试验步骤

1）称取按表 2-18 规定数量的试样一份，精确至 1g。将试样放入淘洗容器中，注入清水，使水面高出试样面约 150mm，充分搅拌拌匀后浸泡 2h，然后用手在水中淘洗试样，使尘屑、淤泥和黏土与石子颗粒分离，缓缓地将浑水倒入 1.18mm 及 75μm 的套筛上（1.18mm 筛放在 75μm 筛上面），滤去小于 75μm 的颗粒。试验前筛子的两面应先用水润湿，在整个试验过程中应注意避免大于 75μm 颗粒流失。

2）再向容器中注入清水，重复上述过程，直至容器内的水目测清澈为止。

3）用水淋洗剩余在筛上的细粒，并将孔径 75μm 筛放在水中（使水面略高出筛石子颗粒的上表面）来回摇动，以充分洗除小于 75μm 的颗粒。然后将两只筛上筛余颗粒和容器中已经洗净的试样一并装入搪瓷盘，置于温度为（105±5）℃的烘箱中烘干至恒重。取出来冷却至室温后，称出其质量，精确至 1g。

（4）结果计算与评定

1）含泥量按式（2-10）计算，精确至 0.1%；

2）含泥量取两个试样试验结果的算术平均值，精确至
0.1％。如两次结果的差值超过 2％时，该试验无效，应重新取
样进行试验。

3）碎（卵）含泥量按表 2-15 评定。

27. 碎（卵）石泥块含量试验方法是什么？

答：（1）仪器设备

方孔筛：孔径为 2.36mm 及 4.75mm 的方孔筛各一只；其
余同含泥量测试。

（2）试样制备

按规定取样，并将试样缩分至略大于表 2-18 规定的 2 倍数
量，置于温度为（105±5）℃的烘箱中烘干至恒重，冷却至室温
后，筛除小于 4.75mm 的颗粒，分成大致相等的两份备用。

（3）试验步骤

1）称取表 2-18 规定数量的试样一份（G_1），精确至 1g，将
试样置于淘洗容器中，注入清水，使水面高于试样上表面
150mm，充分搅拌均匀后，浸泡 24h。然后用手在水中碾碎泥
块，再把试样放在孔径 2.36mm 筛上，用水淘洗，直至容器内
的水目测清澈为止。

2）保留下来的试样应小心地从筛中取出，装入搪瓷盘后，
置于烘箱中于（105±5）℃下烘干至恒重，待冷却至室温后称重
（G_2），精确至 1g。

（4）试验结果计算及评定

1）泥块含量按式（2-12）计算，精确至 0.1％。

2）泥块含量取两次试验结果的算术平均值，精确至 0.1％。

3）碎（卵）泥块含量按表 2-15 评定。

28. 针、片状颗粒含量试验方法是什么？

答：（1）仪器设备

针状规准仪（见图 2-12），片状规准仪（见图 2-13）；方孔

筛：孔径为 37.5mm、31.5mm、26.5mm、19.0mm、16.0mm、9.50mm 及 4.75mm 的筛各一只，根据需要选用；台秤：称量 10kg，感量 1g；卡尺等。

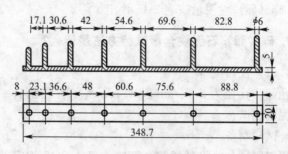

图 2-12　针状规准仪

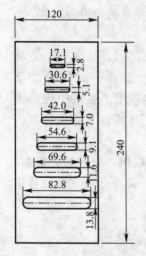

图 2-13　片状规准仪

（2）试样制备

按规定取样，并将试样缩分至略大于表 2-18 规定的数量，烘干或风干后备用。

（3）试验步骤

1）根据试样的最大粒径称取表 2-18 所规定数量的试样一份（G_1），精确到 1g。然后按表 2-19 规定的粒级按颗粒级配试验的规定进行筛分。

2）按表 2-19 所规定的粒级分别用规准仪逐粒检验，凡颗粒长度大于针状规准仪上相应间距者，为针状颗粒；颗粒厚度小于片状规准仪上相应孔宽者，为片状颗粒。

3）公称粒径大于 37.5mm 的碎石或卵石可用卡尺检验针、片状颗粒，卡尺卡口的设定宽度应符合表 2-20 的规定。

4）称取由各粒级挑出的针状和片状颗粒的总质量（G_2），精确至 1g。

50

针状和片状颗粒的总含量试验的粒级划分及其相应的规准仪孔宽或间距

表 2-19

公称粒级（mm）	4.75～9.50	9.50～16.0	16.0～19.0	19.0～26.5	26.5～31.5	31.5～37.5
片状规准仪上相对应的孔宽（mm）	2.8	5.1	7.0	9.1	11.6	13.8
针状规准仪上相对应的间距（mm）	17.1	30.6	42.0	54.6	69.6	82.8

大于 37.5mm 颗粒针、片状颗粒含量的粒级划分及其相应的卡尺卡口设定宽度（mm）

表 2-20

石子粒级	37.5～53.0	53.0～63.0	63.0～75.0	75.0～90.0
检验片状颗粒的卡口宽度	18.1	23.2	27.6	33.0
检验针状颗粒的卡口宽度	108.6	139.2	165.6	198.0

（4）结果计算及评定

1）石中针状和片状颗粒的总含量 Q_c 按下式计算，精确至 1%：

$$Q_c = \frac{G_2}{G_1} \times 100\%$$

(2-10)

式中　Q_c——石中针状和片状颗粒的总含量，%；

　　　G_1——试样总质量，g；

　　　G_2——试样中所含针状和片状颗粒的总质量，g。

2）针、片状颗粒含量按表 2-15 评定。

29. 碎（卵）石压碎指标值试验方法是什么？

答：（1）仪器设备

压力试验机：量程 300kN，示值相对误差 2%；天平：称量 10kg，感量 1g；压碎指标测定仪（见图 2-14）；方孔筛：孔径为 2.36、9.50 及 19.0mm 的筛各一只；垫棒：ϕ10mm，长 500mm 圆钢。

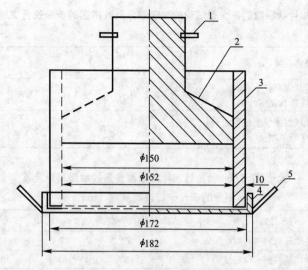

图 2-14　压碎指标值测定仪
1—把手；2—加压头；3—圆模；4—底盘；5—手把

（2）试样制备

按规定取样，风干后筛除大于 19.0mm 及小于 9.50mm 的颗粒，并去除针、片状颗粒，分为大致相等的 3 份备用。当试样中粒径在 9.50～19.0mm 之间的颗粒不足时，允许将粒径大于 19.0mm 的颗粒破碎成粒径在 9.50～19.0mm 之间的颗粒用作压碎指标值试验。

（3）试验步骤

1）称取试样 3000g（G_1），精确至 1g。将试样分两层装入圆模（置于底盘上）内，每装完一层试样后，在底盘下面垫放一直径为 10mm 的圆钢，将筒按住，左右交替颠击地面各 25 下，两层颠实后，平整模内试样表面，盖上压头。当圆模装不下 3000g 试样时，以装至距圆模上口 10mm 为准。

2）把装有试样的模子置于压力机上，开动压力试验机，按 1kN/s 速度均匀加荷至 200kN 并稳荷 5s，然后卸荷。取下加压头，倒出试样，用孔径 2.36mm 的筛子筛除被压碎的细粒，称出留在筛上的试样质量（G_2），精确至1g。

（4）试验结果计算及评定

1）压碎指标值按下式计算，精确至0.1%：

$$Q_e = \frac{G_1 - G_2}{G_1} \times 100\%$$ （2-11）

式中　Q_e——压碎指标值，%；

　　　G_1——试样的质量，g；

　　　G_2——压碎试验后筛余的试样质量，g。

2）压碎指标值取3次试验结果的算术平均值，精确至1%。

3）压碎指标值按表2-16评定。

30. 碎（卵）石的含水率检测方法是什么？

答：（1）仪器设备

台秤：最大称量10kg，感量1g；鼓风烘箱：能使温度控制在（105±5）℃；小铲、搪瓷盘、毛刷等。

（2）试验步骤

1）按规定取样，并将试样缩分至约4.0kg，拌匀后分为大致相等的两份备用；

2）称取试样一份（G_1），精确至1g，放入（105±5）℃的烘箱中烘干至恒重，待冷却至室温后，称出其质量（G_2），精确至1g。

（3）结果计算与评定

1）含水率按下式计算，精确至0.1%。

$$Z = \frac{G_1 - G_2}{G_1} \times 100\%$$ （2-12）

式中　Z——含水率，%；

　　　G_1——烘干前试样的质量，g；

　　　G_2——烘干后试样的质量，g。

2）含水率取两次试验结果的算术平均值，精确至0.1%。

53

第三节 建筑钢材

31. 与钢材物理试验有关的现行标准、规范、规程、规定有哪些?

答:(1)《钢筋混凝土用钢第 1 部分:热轧光圆钢筋》(GB 1499.1—2008)

(2)《钢筋混凝土用钢第 2 部分:热轧带肋钢筋》(GB 1499.2—2007)

(3)《冷轧带肋钢筋》(GB 13788—2008)

(4)《预应力混凝土用钢丝》(GB/T 5223—2002)

(5)《预应力混凝土用钢棒》(GB/T 5223.3—2005)

(6)《预应力混凝土用钢绞线》(GB/T 5224—2003)

(7)《金属材料 拉伸试验 第 1 部分:室温试验方法》(GB/T 228.1—2010)

(8)《金属材料 弯曲试验方法》(GB/T 232—2010)

(9)《钢及钢产品 力学性能试验取样位置及试样置备》(GB/T 2975—1998)

32. 常用钢材必试项目、取样批次及取样数量有何规定?

答:常用钢材必试项目、取样批次及取样数量见表 2-21。

常用钢材必试项目、取样批次及取样数量表　　表 2-21

序 号	材料名称及相关标准、规范代号	必试项目	取样批次及取样数量
1	碳素结构钢（GB/T 700—2006）	拉伸试验（下屈服点、抗拉强度、伸长率）弯曲试验	同牌号、同炉罐、同一等级、同一品种、同交货状态,每 60t 为一验收批,不足 60t 也按一批计。每一验收批取一组试件（拉伸、弯曲各 1 个）

序 号	材料名称 及相关标准、规范代号	必试项目	取样批次及取样数量
2	钢筋混凝土用热轧光圆钢筋 （GB 1499.1—2008） （GB/T 2975—1998） （GB/T 2101—2008）	拉伸试验（下屈服点、抗拉强度、伸长率）弯曲试验	（1）每批由同牌号，同一炉罐、同一规格的钢筋组成，每批重量通常不大于60t。 （2）每一验收批，在任选的两根钢筋上截取试件（拉伸2个、弯曲2个）。 （3）超过60t的部分，每增加40t（或不足40t的余数），增加一个拉伸试验试件和一个弯曲试验试件
3	钢筋混凝土用热轧带肋钢筋 （GB 1499.2—2007） （GB/T 2975—1998） （GB/T 2101—2008）		
4	冷轧带肋钢筋 （GB 13788—2008） （GB/T 2975—1998） （GB/T 2101—2008）	拉伸试验（抗拉强度、伸长率）弯曲试验	同一牌号、同一外形、同一规格、同一生产工艺、同一交货状态每60t为一验收批，不足60t也按一批计。每一验批取拉伸试件1个（逐盘），弯曲试件2个（每批）。在每（任）盘中的任意一端截去50mm后切取
5	预应力混凝土用钢丝 （GB/T 2013—2008） （GB/T 5223—2002）	抗拉强度 伸长率 弯曲试验	（1）同一牌号、同一规格、同一加工状态的钢丝组成，每批重量不大于60t。 （2）钢丝的检验应按（GB/T 2103）的规定执行。在每盘钢丝的两端进行抗拉强度、弯曲和伸长率的试验
6	预应力混凝土用钢棒 （GB/T 5223.3—2005）	抗拉强度 断后伸长率 伸直性	（1）每批由同一牌号—规格、同一加工状态的钢棒组成，每批重量不大于60t。 （2）从任一盘钢棒任意一端截取1根试样进行抗拉强度、断后伸长率试验；每批钢棒不同盘中截取3根试样进行弯曲试验；每5盘取1根伸直性试验试样。 （3）对于直条钢棒，以切断盘条的盘数样依据

序　号	材料名称 及相关标准、规范代号	必试项目	取样批次及取样数量
7	预应力混凝土用钢绞线 （GB/T 5224—2003）	整根钢绞线最大力规定非比例延伸力最大总伸长率尺寸测量	每批由同一等级、同一规格、同一生产工艺捻制的钢绞组成，每批质量不大于60t。从每批钢绞线中任取3盘，从每盘所选的钢绞线端部正常部位截取一根进行表面质量、直径偏差、捻距和力学性能试验。如每批少于3盘，则应逐盘进行上述检验

33. 混凝土结构工程施工过程中对钢筋原材料主控项目有哪些？

答：对有抗震设防要求的结构，其纵向受力钢筋的性能应满足设计要求；当设计无具体要求时，对按一、二、三级抗震等级设计的框架和斜撑构件（含梯段）中的纵向受力钢筋，其强度和最大力下总伸长率的实测值应符合下列规定：

（1）钢筋的抗拉强度实测值与屈服强度实测值的比值不应小于1.25；

（2）钢筋的屈服强度实测值与屈服强度标准值的比值不应大于1.30；

（3）钢筋的最大力下总伸长率不应小于9％。

34. 与钢材物理试验有关的术语有哪些？

答：（1）标距（L）：测量伸长用的试样圆柱或棱柱部分的长度。

（2）原始标距（L_0）：施力前的试样标距。

（3）断后标距（L_u）：将断后的两部分试样紧密地对接在一起，保证两部分的轴线位于同一条直线上，测量试样断裂后的标距。

（4）平行长度（L_c）：试样平行缩减部分的长度。

对于未经加工的试样，平行长度的概念被两夹头之间的距离取代。

（5）伸长：试验期间任一时刻原始标距的增量。

（6）伸长率：原始标距的伸长与原始标距（L_0）之比的百分率。

（7）断后伸长率（A）：断后标距的残余伸长与原始标距（L_0）之比的百分率。

（8）抗拉强度（R_m）：相应最大力（F_m）对应的应力。

（9）屈服强度：当金属材料呈现屈服现象时，在试验期间达到塑性变形发生而力不增加的应力点，应区分上屈服强度和下屈服强度。

1）上屈服强度 R_{eH}：试样发生屈服而力首次下降前的最高应力。

2）下屈服强度 R_{El}：在屈服期间，不计初始瞬时效应时的最低应力。

（10）规定非比例延伸强度（R_p）：非比例延伸率等于规定的引伸计标距百分率时的应力。使用的符号应附以下脚注说明所规定的百分率，例如 $R_{p,0.2}$ 表示规定非比例延伸率为 0.2% 时的应力。

35. 钢材拉伸试验的原始标距如何确定？

答：原始标距与试样原始横截面积有 $L_0 = k\sqrt{S_0}$ 关系者称为比例试样。国际上使用的比例系数 k 的值为 5.65。原始标距应不小于 15mm。当试样横截面积太小，以至采用比例系数 k 为 5.65 的值不能符合这一最小标距要求时，可取较高的值（优先采用 k 为 11.3 的值）或采用非比例试样。非比例试样其原始标距（L_0）与其原始横截面积（S_0）无关。对于比例试样，应将原始标距的计算值修约至最接近 5mm 的倍数，中间数值向较大一方修约。原始标距的标记应准确到 ±1%。

36. 钢筋拉伸试验方法是什么？

答：（1）试验设备

试验机应按照 GB/T 16825.1 进行校准，且其准确度应为 1 级或优于 1 级。

引伸计的准确度级别应符合 GB/T 12160 的要求。测定上屈服强度、下屈服强度、屈服点延伸率、规定非比例延伸强度、规定总延伸强度、规定残余延伸强度，以及规定残余延伸强度的验证试验，应使用不劣于 1 级准确度的引伸计；测定其他具有较大延伸率的性能，例如抗拉强度、最大力总延伸率和最大力非比例延伸率、断裂总伸长率，以及断后伸长率，应使用不劣于 2 级准确度的引伸计。

计算机控制拉伸试验机应满足 GB/T 22066 并参见 GB/T 228.1 附录 A。

（2）试样制备

拉伸试验用钢筋试件不得进行车削加工，可以在试件表面画一条平行于试样纵轴的线，并在此线上标记原始标距。常用钢材的标距长度见表 2-22。根据钢筋的公称直径按表 2-23 选取公称横截面积（mm^2）。

<table>
<tr><td colspan="3" align="center">常用钢材的标距长度</td><td align="right">表 2-22</td></tr>
<tr><td>序号</td><td colspan="2" align="center">材料名称</td><td align="center">标距长度 L_0</td></tr>
<tr><td>1</td><td colspan="2" align="center">钢筋混凝土用热轧光圆、热轧带肋钢筋</td><td align="center">$5a$</td></tr>
<tr><td>2</td><td colspan="2" align="center">冷轧带肋钢筋</td><td align="center">$10a$ 或 100mm</td></tr>
<tr><td>3</td><td colspan="2" align="center">预应力混凝土用热处理钢筋</td><td align="center">$10a$</td></tr>
<tr><td>4</td><td colspan="2" align="center">预应力混凝土用钢丝</td><td align="center">100mm</td></tr>
<tr><td rowspan="2">5</td><td rowspan="2">预应力混凝土用钢绞线</td><td align="center">1×7</td><td align="center">不小于 500mm</td></tr>
<tr><td align="center">1×2、1×3</td><td align="center">不小于 400mm</td></tr>
<tr><td>6</td><td colspan="2" align="center">预应力混凝土用钢棒</td><td align="center">$8a$</td></tr>
<tr><td>7</td><td colspan="2" align="center">中强度预应力混凝土用钢丝</td><td align="center">100mm（断裂伸长率）</td></tr>
<tr><td>8</td><td colspan="2" align="center">一般用途低碳钢丝</td><td align="center">100mm</td></tr>
<tr><td>9</td><td colspan="2" align="center">预应力混凝土用低合金钢丝</td><td align="center">不小于 $60a$</td></tr>
</table>

注：a 为试样直径。

公称直径（mm）	公称横截面积（mm²）	公称直径（mm）	公称横截面积（mm²）
8	50.27	22	380.1
10	78.54	25	490.9
12	113.1	28	615.8
14	153.9	32	804.2
16	201.1	36	1018
18	254.5	40	1257
20	314.2	50	1964

（3）试验速率

1）测定上屈服强度（R_{eH}）

在弹性范围和直至上屈服强度，试验机夹头的分离速率应尽可能保持恒定并在表 2-24 规定的应力速率的范围内。

应力速率　　　　　　表 2-24

材料弹性模量 E（MPa）	应力速率（MPa·s^{-1}）	
	最小	最大
＜150000	2	20
≥150000	61	60

2）测定下屈服强度（R_{eL}）的试验速率

若仅测定下屈服强度，在试样平行长度的屈服期间应变速率应在 0.00025～0.0025s^{-1} 之间。平行长度内的应变速率应尽可能保持恒定。如不能直接调节这一应变速率，应通过调节屈服即将开始前的应力速率来调整，在屈服完成之前不再调节试验机的控制。

任何情况下，弹性范围内的应力速率不得超过表 2-24 规定的最大速率。

3）测定上屈服强度（R_{eH}）和下屈服强度（R_{eL}）的试验速率

如在同一试验中测定上屈服强度和下屈服强度，测定下屈服强度的条件应符合下屈服强度的速率的要求。

4）测定抗拉强度（R_m）的试验速率

① 塑性范围：平行长度的应变速率不应超过 0.008/s。

② 弹性范围：如试验不包括屈服强度或规定强度的测定，试验机的速率可以达到塑性范围内允许的最大速率。

5）夹头分离速率

如试验机无能力测量或控制应变速率，直至屈服完成，应采用等效于表 2-24 规定的应力速率的试验机夹头分离速率。

（4）上屈服强度（R_{eH}）和下屈服强度（R_{eL}）的测定

1）图解方法：试验时记录力延伸曲线或力位移曲线。从曲线图读取力首次下降前的最大力和不计初始瞬时效应时屈服阶段中的最小力或屈服平台的恒定力。将其分别除以试样原始横截面积（S_0）得到上屈服强度和下屈服强度。仲裁试验采用图解方法。

2）指针方法：试验时，读取测力度盘指针首次回转前指示的最大力和不计初始瞬时效应时屈服阶段中指示的最小力或首次停止转动指示的恒定力。将其分别除以试样原始横截面积（S_0）得到上屈服强度和下屈服强度。

3）可以使用自动装置或自动测试系统测定上屈服强度和下屈服强度，可以不绘制拉伸曲线图。

（5）抗拉强度（R_m）的测定

1）对于呈现明显屈服（不连续屈服）现象的金属材料，从记录的力延伸或力—位移曲线图，或从测力度盘读取过了屈服阶段之后的最大力。

2）对于呈现无明显屈服（连续屈服）现象的金属材料，从记录的力延伸或力—位移曲线图，或从测力度盘读取试验过程中的最大力。

3）最大力除以试样原始横截面积（S_0）得到抗拉强度。

（6）断后伸长率（A）的测定

1）为了测定断后伸长率，应将试样断裂的部分仔细地配接在一起使其轴线处于同一直线上，并采取特别措施确保试样断裂部分适当接触后测量试样断后标距（L_u）。这对小横截面试样和低伸长率试样尤为重要。

2）断后标距与原始标距长度之差（L_u-L_0）除以试样原始横截面积（S_0）得到断后伸长率（A）。

3）注意事项

① 应使用分辨力优于 0.1mm 的量具或测量装置测定断后标距（L_u），准确到±0.25mm。

② 原则上只有断裂处与最接近的标距标记的距离不小于原始标距的 1/3 情况方为有效。但断后伸长率大于或等于规定值，不管断裂位置处于何处测量均为有效。

③ 如规定的最小断后伸长率小于 5％，建议采用特殊方法进行测定（详见 GB/T 228.1—2010 附录 G）。

（7）试验结果数值的修约

试验测定的性能结果数值应按照相关产品标准的要求进行修约。如未规定具体要求，应按如下要求进行修约。

1）强度性能值修约至 1MPa；

2）断后伸长率修约至 0.5％。

37. 钢筋弯曲试验方法是什么？

答：（1）仪器设备。

压力机或万能材料试验机：配有两个支辊和一个弯曲压头的支辊式弯曲装置，支辊间距离可以调节。支辊弯曲装置如图 2-15 所示，弯曲压头的直径由产品标准规定。两支辊间的距离应按下式确定：

$$l = (d+3a)±0.5a \qquad (2-13)$$

式中　d——弯曲压头直径，mm；

　　　　a——试样直径，mm。

在试验期间应保持两支辊间的距离 l 不变。

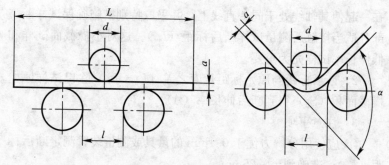

图 2-15　支辊式弯曲装置

（2）按相关产品标准规定，采用下列方法之一完成试验。

1）试样在给定的条件和力作用下弯曲至规定的弯曲角度，见图 2-16（a）；

2）试样在力作用下弯曲至两臂相距规定距离且相互平行，见图 2-16（b）；

3）试样在力作用下弯曲至两臂直接接触，见图 2-16（c）。

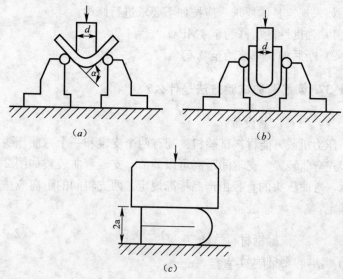

图 2-16　钢材冷弯试验

（a）弯曲至某规定角度；（b）弯曲至两面平行；（c）弯曲至两面重合

（3）试样弯曲至规定弯曲角度的试验，应将试样放于两支辊上，试样轴线应与弯曲压头轴线垂直，弯曲压头在两支座之间的中点处对试样连续施加力使其弯曲，直至达到规定的弯曲角度。弯曲角度 α 可以通过测量弯曲压头的位移计算得出。

使用上述方法如不能直接达到规定的弯曲角度，可将试样置于两平行压板之间，连续施加力压其两端使其进一步弯曲，直至达到规定的弯曲角度。

（4）试样弯曲至两臂相互平行的试验，首先对试样进行初步弯曲，然后将试样置于两平行压板之间，连续施加力压其两端使其进一步弯曲，直至两臂平行。试验时可以加或不加垫块。垫块厚度等于规定的弯曲压头直径，除非产品标准中另有规定。

（5）试样弯曲至两臂直接接触的试验，应首先将试样进行初步弯曲，然后将其置于两平行压板之间，连续施加力压其两端使其进一步弯曲，直至两臂直接接触。

（6）试验结果评定。

应按照相关产品标准的要求评定弯曲试验结果。如未规定具体要求，弯曲试验后不使用放大仪器观察，试样弯曲外表面无可见裂纹应评定为合格。

（7）注意事项：

1）试样长度应根据试样直径和所使用的试验设备确定；

2）钢筋冷弯试件不得进行车削加工；

3）弯曲试验时，应当缓慢地施加弯曲力，以使材料能够自由地进行塑性变形。当出现争议时，试验速率应为 (1 ± 0.2)mm/s；

4）试验中应采取足够的安全措施和防护措施。

38. 钢材物理试验结果如何评定？

答：（1）依据钢材相应的产品标准中规定的技术要求，按委托来样提供的钢材牌号进行评定。

（2）试验项目中如有某一项试验结果不符合标准要求，则从同一批中再任取双倍数量的试样进行不合格项目的复验。复验结果（包括该项试验所要求的任一指标）即使有一个指标不合格，则该批视为不合格。

（3）由于取样、制样、试验不当而获得的试验结果，应视为无效。

第四节　防　水　材　料

39. 与防水材料试验有关的现行标准主要有哪些？

答：（1）《建筑石油沥青》（GB 494—2010）

（2）《沥青针入度测定法》（GB/T 4509—2010）

（3）《沥青延度测定法》（GB/T 4508—2010）

（4）《沥青软化点测定法（环球法）》（GB/T 4507—1999）

（5）《弹性体改性沥青防水卷材》（GB 18242—2008）

（6）《塑性体改性沥青防水卷材》（GB 18243—2008）

（7）《聚氯乙烯（PVC）防水卷材》（GB 12952—2011）

（8）《氯化聚乙烯防水卷材》（GB 12953—2003）

（9）《高分子防水材料　第 1 部分：片材》（GB 18173—2012）

（10）《建筑防水卷材试验方法》（GB/T 328—2007）

（11）《建筑防水涂料试验方法》（GB/T 16777—2008）

40. 防水材料试验管理有哪些要求？

答：（1）防水材料实行见证取样制度。单位工程见证取样批次应不少于该工程防水材料总试验批次的 30% 且不得少于 2 次。

见证取样记录表一式 3 份，试验委托方、见证方、实验室各执一份存档。

经见证取样的样品应由见证人贴见证封条。

（2）工程选用的防水材料应有厂方质检报告单或合格证及现场抽样试验报告单作为工程资料归档。

（3）防水材料进场后要按规定标准抽验外观质量、卷材厚度

（卷重），外观合格方可抽样送试。送试时应提供厂方质检报告单及使用说明书交实验室，属见证取样试验的应交见证记录表。

无包装、标识的产品禁止进场；禁止以厂方提供的样品代替实际进货抽样；严格执行一次进货算一个批量的规定，禁止以小批进货的抽样替代全部进货；禁止防水施工承包商替代建筑总包方的现场试验工送样。

（4）实验室收样人应核查委托单内容是否与来样相符，尤其应注意卷材厚度，当发现卷材厚度与委托单不符时可拒收或在报告单结论栏中注明。实验室不允许接收委托方制好的防水涂料膜片或双组分防水涂料的混合物。

41. 防水卷材组批原则、抽样方法有何规定？

答：防水卷材的组批原则及抽样方法见表 2-25。

防水卷材的组批原则及抽样方法　　　　表 2-25

序号	卷材名称（标准代号）	组批原则	抽样方法
1	弹性体改性沥青防水卷材（GB 18242—2008）	同一类型、同一规格卷材 10000m² 为一批，不足 10000m² 亦可作为一批	① 在每批产品中随机抽取 5 卷进行卷重、面积、厚度与外观检查。在卷重、面积、厚度及外观合格的卷材中随机抽取 1 卷进行物理力学性能试验。
2	塑性体改性沥青防水卷材（GB 18243—2008）		② 将试样卷材切除距外层卷头 2500mm 后，顺纵向切取 800mm 的全幅卷材试样 2 块。一块作物理力学性能检测用，另一块备用
3	聚氯乙烯防水卷材（PVC 卷材）（GB 12952—2011）	以同类同型的 10000m² 卷材为一批，不满 10000m² 也可作为一批	① 在每批产品中随机抽取 3 卷进行尺寸偏差和外观检验。② 在尺寸偏差和外观检查合格的样品中任取一卷，在距外层端部 500mm 处截取 1.5m 进行物理性能检验

（1）以同一类型、同一规格卷材 10000m² 为一批，不足

65

10000m² 也为一批。

（2）在每批产品中随机抽取 5 卷进行单位面积质量、面积、厚度、外观检查。在外观质量检验合格的卷材中，任取一卷做物理性能检验。

（3）将试样卷材切除距外层卷头 2500mm 后，顺纵向切取 800mm 的全幅卷材试样两块，一块作物理性能检验用，另一块备用。

42. 弹性体改性沥青防水卷材（SBS 卷材）如何分类？

答：（1）按胎体分为聚酯毡（PY）、玻纤毡（G）、玻纤增强聚酯毡（PYG）。

（2）按上表面隔离材料分为聚乙烯膜（PE）、细砂（S）、矿物粒料（M）。按下表面隔离材料分为聚乙烯膜（PE）、细砂（S）。

（3）按材料性能分为Ⅰ型和Ⅱ型。

43. SBS 卷材对单位面积质量、面积、厚度、外观的技术要求及检验方法有哪些？

答：（1）单位面积质量、面积及厚度应符合表 2-26 的要求。

SBS 卷材、APP 卷材单位面积质量、面积及厚度　表 2-26

规格（公称厚度）mm		3			4			5		
上表面材料		PE	S	M	PE	S	M	PE	S	M
下表面处理		PE	PE、S		PE	PE、S		PE	PE、S	
面积（m²/卷）	公称面积	10、15			10、7.5			7.5		
	偏差	±0.10			±0.10			±0.10		
单位面积质量（kg/m²）≥		3.3	3.5	4.0	4.3	4.5	5.0	5.3	5.5	6.0
厚度（mm）	平均值≥	3.0			4.0			5.0		
	最小单值	2.7			3.7			4.7		

（2）外观：

1）成卷卷材应卷紧卷齐，端面里进外出不得超过 10mm。

2）成卷卷材在（4～50）℃任一产品温度下展开，在距卷芯

1000mm 长度外不应有 10mm 以上的裂纹或粘结。

3）胎基应浸透，不应有未被浸渍的条纹。

4）卷材表面必须平整，不允许有孔洞、缺边和裂口、疙瘩，矿物粒料粒度应均匀一致并紧密地粘附于卷材表面。

5）每卷接头处不应超过 1 个，较短的一段不应少于 1000mm，接头应剪切整齐，并加长 150mm。

44. SBS 卷材的单位面积质量、面积、厚度、外观的检验方法和判定规则是什么？

答：（1）检验方法

1）厚度

从试样上沿卷材整个宽度方向裁取至少 100mm 宽的一条试件。使用能测量厚度精确到 0.01mm，测量面平整，直径 10mm，施加在卷材表面的压力为 20kPa 的厚度测量装置。在开始测量前检查测量装置的零点。测量装置下足慢慢落下避免使试件变形，在卷材宽度方向均匀分布 10 点测量并记录厚度，最边的测量点应距卷材边缘 100mm。计算测量的 10 点厚度的平均值，修约到 0.1mm 表示。

对细砂面防水卷材，去除测量处表面的砂粒再测量卷材厚度。

2）面积

① 长度测量：在整卷卷材宽度方向的两个 1/3 处测量，记录结果，精确到 10mm。长度取两处测量的平均值，精确到 10mm。

② 宽度测量：在距卷材两端头各（1±0.01)m 处测量，记录结果，精确到 1mm。宽度取两处测量的平均值，精确到 1mm。

③ 以长度与宽度的平均值，相乘得到卷材面积。

3）单位面积质量

称量每卷卷材卷重，根据 2）得到的面积，计算单位面积质量（kg/m^2）。

4）外观

将卷材立放于平面上，用一把钢板尺平放在卷材的端面上，用另一把最小分度值为 1mm 的钢板尺垂直伸入卷材端面最凹处，测得的数值即为卷材端面的里进外出值。然后将卷材展开按外观质量要求检查。沿宽度方向裁取 50mm 宽的一条，胎体内不应有未被浸透的条纹。

（2）判定规则

抽取的 5 卷样品均符合表 2-25 规定时，判为单位面积质量、面积、厚度及外观合格。若其中有一项不符合规定，允许从该批产品中再随机抽取 5 卷样品，对不合格项进行复查。如全部达到标准规定时判为合格；否则，判该批产品不合格。

45. SBS 卷材必试项目有哪些？如何进行试验？

答：（1）必试项目

拉力、延伸率、不透水性、低温柔性和耐热性。当用于地下防水工程时，耐热性可不检测。

（2）试验方法

将取样卷材切除距外层卷头 2500mm 后，取 1m 长的卷材按表 2-27 要求的形状和数量均匀分布裁取试件。

试件尺寸和数量 表 2-27

试验项目	试件形状（纵向×横向）(mm)	数量（个）
拉力及延伸率	（250～320）×50	纵横向各 5
不透水性	150×150	3
低温柔性	150×25	纵向 10
耐热性	125×100	纵向 3

1）拉力及延伸率

① 仪器设备

拉伸试验机：有连续记录力和对应距离的装置，能按规定的速度均匀地移动夹具，有足够的量程（至少 2000N）；夹具移动速度：(100±10)mm/min；夹具宽度：不小于 50mm；量尺：精确度 1mm。

② 试件制备

拉伸试验应制作纵、横向各 5 个试件。试件在试样上距边缘 100mm 以上的位置任意裁取，矩形试件宽为 (50±0.5)mm，长为 (200mm+2×夹持长度)，长度方向为试验方向。表面的非持久层应去除。

试件在试验前在温度 (23±2)℃ 和相对湿度 30%～70% 的条件下至少放置 20h。

③ 试验步骤

a. 将试件紧紧地夹在拉伸试验机的夹具中，注意，试件长度方向的中线与试验机夹具中心在一条线上。夹具间距离为 (200±2)mm，为防止试件从夹具中滑移应作出标记。

b. 开动试验机使受拉试件受拉，夹具移动的恒定速度为 (100±10)mm/min。

c. 连续记录拉力和对应的夹具间距离。对于 PYG 胎基的卷材应记录两个峰值的拉力和延伸率。

d. 试验过程观察在试件中部是否出现沥青涂盖层与胎基分离或沥青涂盖层开裂现象。

④ 结果计算

去除任何在夹具 10mm 以内断裂或在试验机夹具中滑移超过极限值的试件的试验结果，用备用件重测。

a. 拉力。分别计算纵向或横向 5 个试件最大拉力的算术平均值作为卷材纵向或横向拉力，单位 N/50mm，平均值修约至 5N/50mm。

b. 延伸率。延伸率 E（%）按下式计算：

$$E = \frac{L_1 - L}{L} \times 100\%$$ (2-14)

式中 E——试件延伸率，%；

L_1——试件最大峰（第二峰）时夹具间距离，mm；

L——夹具间起始距离，mm。

分别计算纵向或横向 5 个试件最大拉力时延伸率的算术平均

值作为卷材纵向或横向延伸率，修约至 1%。

2）不透水性

① 仪器设备

不透水仪：主要由液压系统、测试管理系统、夹紧装置和透水盘等部分组成，组成设备的装置如图 2-17 所示。

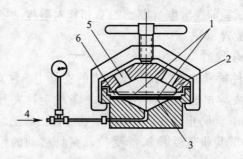

图 2-17　高压力不透水性试验装置

1—狭缝；2—封盖；3—试件；4—静压力；5—观测孔；6—开缝盘

② 试件制备

在卷材宽度方向均匀裁取 150mm×150mm 的正方形试件 3 个，最外一个距卷材边缘 100mm。试件的纵向与卷材的纵向平行并标记，去除表面的任何保护膜。

试验前试件在（23±5）℃放置至少 6h。

③ 试验步骤

a. 卷材上表面作为迎水面，上表面为砂面、矿物粒料时，下表面作为迎水面，下表面也为细砂时，试验前，将下表面的细砂沿密封圈一圈除去，然后涂一圈 60～100 号热沥青，涂平待冷却 1h 后检测不透水性。

b. 将图 2-17 装置中充水直到溢出，彻底排出水管中的空气。

c. 将试件的迎水面朝下放置在透水盘上，盖上规定的 7 孔圆盘，放上封盖，慢慢夹紧直到试件夹紧在盘上，用布或压缩空气干燥试件的非迎水面，慢慢加压到规定的压力。

d. 达到规定压力后，保持压力（30±2）min。试验时观察试件的不透水性（水压突然下降或试件的非迎水面有水）。

④ 试验结果

三个试件在规定的时间不透水认为卷材不透水性。

3）耐热性试验

① 仪器设备

鼓风烘箱（不提供新鲜空气）：试验区域的温度波动不超过±2℃。当门打开30s后，恢复温度到工作温度的时间不超过5min；热电偶：在规定范围内能测量到±1℃；悬挂装置（如夹子）：至少100mm宽，能夹住试件的整个宽度在一条线，并被悬挂在试验区域；光学测量装置（如读数放大镜）、画线装置等。

② 试件制备

沿试样宽度方向均匀裁取 (125±1)mm×(100±1)mm 的矩形试件 3 个，长边是卷材的纵向。试件应距卷材边缘 150mm 以上，试件从卷材的一边开始连续编号，卷材上表面和下表面应做好标记。

去除任何非持久保护层。在试件纵向的横断面一边，上表面和下表面的大约 15mm 一条的涂盖层去除，直至胎体。在试件的中间区域的涂盖层也从上表面和下表面的两个接近处去除，直至胎体。标记装置放在试件两边插入插销定位于中心位置，在试件表面整个宽度方向沿着直边用记号笔垂直画一条线（宽度约0.5mm），操作时试件平放。

试件试验前至少放置在 (23±2)℃的平面上 2h，相互之间不要接触或粘住。

③ 试验步骤

a. 烘箱预热到规定试验温度，温度通过与试件中心同一位置的热电偶控制。

b. 用悬挂装置夹住试件露出的胎体处，不要夹到涂盖层。将夹好的 3 个试件垂直悬挂在烘箱的相同高度，间隔至少30mm，开关烘箱门放入试件的时间不超过 30s，放入试件后加热试件为 (120±2)mm。

c. 加热周期一结束，试件和悬挂装置一起从烘箱中取出，相互间不要接触，在（23±2)℃自由悬挂冷却至少 2h。然后除去悬挂装置，在试件两面画第二个标记，用光学测量装置在每个试件的两面测量两个标记底部间最大距离 ΔL，精确到 0.1mm。

④ 结果计算及评定

计算卷材每个面 3 个试件的滑动值的平均值，精确到 0.1mm；上表面和下表面的滑动值平均值不超过 2.0mm 认为合格。

4）低温柔性

① 仪器设备

a. 试验装置如图 2-18 所示。该装置由两个直径（20±0.1)mm 不旋转的圆筒和一个直径（30±0.1)mm 的圆筒弯曲轴组成，弯

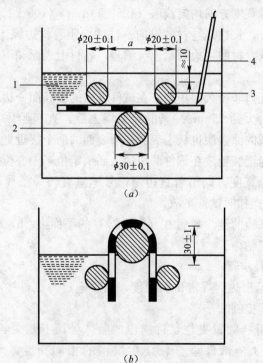

图 2-18　试验装置原理和弯曲过程

(a) 开始弯曲；(b) 弯曲结束

1—冷冻液；2—弯曲轴；3—固定圆筒；4—半导体温度计（热敏探头）

曲轴在两个圆筒中间，能上下移动，圆筒和弯曲轴间的距离可以调节为卷材的厚度。整个装置浸入冷冻液中。

b. 冷冻液：低至－25℃的丙烯乙二醇/水溶液（体积比1：1），或低至－20℃的乙醇/水混合物（体积比2：1）。

c. 低温制冷仪：能控制温度在－40～＋20℃，控温精度0.5℃。

② 试件制备

沿试样宽度方向均匀裁取（150±1）mm×（25±1）mm 的矩形试件 10 个，长边是卷材的纵向。试件应距卷材边缘 150mm 以上，试件应从卷材的一边开始做好连续的记号，同时标记卷材的上表面和下表面。

试件试验前应在（23±2）℃的平板上放置至少 4h，相互之间不要接触，也不能粘在板上。可以用硅纸垫，表面的松散颗粒用手轻轻敲打除去。

③ 试验步骤

a. 开始试验前，根据卷材厚度选择弯曲轴的直径。3mm 厚度卷材弯曲轴直径 30mm；4mm、5mm 厚度卷材弯曲轴直径 50mm。两个圆筒间的距离应按试件厚度调节，即弯曲直径＋2mm＋2 倍试件厚度。然后将装置放入已冷却的液体中，且圆筒的上端在冷冻液面下约 10mm，弯曲轴在下面的位置。

b. 两组各 5 个试件，一组是上表面试验，一组是下表面试验。试件试验面朝上，放置在圆筒和弯曲轴之间。试件放入冷冻液达到规定温度后，保持在该温度 1h±5min。

c. 设置弯曲轴以（360±40）mm/min 速度顶着试件向上移动，试件同时绕轴弯曲。轴移动的终点在圆筒上面 30±1mm 处，如图 2-18（b）所示。

d. 在完成弯曲过程 10s 内，在适宜的光源下用肉眼检查试件有无裂纹，必要时，用辅助光学装置帮助。假若有一条或更多的裂纹从涂盖层深入到胎体层，或完全贯穿无增强卷材，即存在裂缝。

④ 试验结果评定

一个试验面的 5 个试件在规定温度下至少 4 个无裂纹，为通过，上表面和下表面的试验结果要分别记录。

46. 弹性体改性沥青防水卷材（SBS 卷材）材料性能如何评定？

答：弹性体改性沥青卷材（SBS）材料性能应符合表 2-28 的规定。

弹性体改性沥青防水卷材材料性能 表 2-28

序号	项目		指　标				
			Ⅰ		Ⅱ		
			PY	G	PY	G	PYG
1	耐热性	℃	90		105		
		≤mm	2				
		试验现象	无流淌、滴落				
2	低温柔性（℃）		−20		−25		
			无裂缝				
3	不透水性 30min		0.3MPa	0.2MPa	0.3MPa		
4	拉力	最大峰拉力（N/50mm）≥	500	350	800	500	900
		次大峰拉力（N/50mm）≥	—	—	—	—	800
		试验现象	拉伸过程中，试件中部无沥青涂盖层开裂或胎基分离现象				
5	延伸率	最大峰时延伸率（%）	30		40		—
		第二峰时延伸率（%）	—		—		15

47. 塑性体改性沥青防水卷材（APP 卷材）的必试项目、试验方法、技术要求和判定规则有哪些？

答：（1）APP 卷材的种类、规格、必试项目、试验方法等均与 SBS 卷材相同。

（2）技术要求

1）单位面积质量、面积及厚度应符合表 2-25 的要求。

2）外观要求同 SBS 卷材。

3）材料性能应符合表 2-29 的规定。

塑性体改性沥青防水卷材材料性能　　　　表 2-29

序号	项目		指　标				
			Ⅰ		Ⅱ		
			PY	G	PY	G	PYG
1	耐热性	℃	110		130		
		≤mm	2				
		试验现象	无流淌、滴落				
2	低温柔性（℃）		−7		−15		
			无裂缝				
3	不透水性 30min		0.3MPa	0.2MPa	0.3MPa		
4	拉力	最大峰拉力（N/50mm）≥	500	350	800	500	900
		次大峰拉力（N/50mm）≥	—	—	—	—	800
		试验现象	拉伸过程中，试件中部无沥青涂盖层开裂或胎基分离现象				
5	延伸率	最大峰时延伸率/%	25		40		—
		第二峰时延伸率/%	—		—		15

（3）判定规则

1）单项判定

① 单位面积质量、面积、厚度及外观

抽取的 5 卷样品均符合表 2-25 规定时，判为单位面积质量、面积、厚度及外观合格。若其中有一项不符合规定，允许从该批产品中再随机抽取 5 卷样品，对不合格项进行复查。如全部达到标准规定时判为合格；否则，判该批产品不合格。

②材料性能

a. 拉力、延伸率、耐热性以算术平均值达到规定标准的指标判为该项合格。

b. 不透水性以三个试件分别达到标准规定判为该项合格。

c. 低温柔性两面分别达到标准规定判为该项合格。

75

2）总判定

试验结果符合以上全部要求时，判该批产品合格。

48. 聚氯乙烯防水卷材（PVC卷材）如何分类？

答：按产品的组成分为均质卷材（代号 H）、带纤维背衬卷材（代号 L）、织物内增强卷材（代号 P）、玻璃纤维内增强卷材（代号 G）、玻璃纤维内增强带纤维背衬卷材（代号GL）。

49. 聚氯乙烯防水卷材必试项目和技术要求有哪些?

答：（1）必试项目

拉伸强度、断裂伸长率、低温弯折性、不透水性。

（2）技术要求

1）尺寸偏差

长度、宽度应不小于规格值的 99.5%。厚度允许偏差和最小值应保证表 2-30 的要求。

聚氯乙烯防水卷材厚度允许偏差 表 2-30

厚度（mm）	允许偏差（%）	最小单值（mm）
1.20	−5，+10	1.05
1.50		0.35
1.80		0.65
2.00		0.85

2）外观

① 卷材的接头不应多于一处，其中较短的一段长度不应小于 1.5m，接头应剪切整齐，并应加长 150mm。

② 卷材表面应平整、边缘整齐，无裂纹、孔洞、气泡和疤痕。

3）材料性能指标

材料性能指标应符合表 2-31 的规定。

聚氯乙烯防水卷材材料性能指标　　　　表 2-31

项　目		指　标				
		H	L	P	G	GL
拉伸性能	最大拉力（N/cm）　≥	—		0.40		
	拉伸强度（MPa）　≥	—	120	250	—	120
	最大拉力时伸长率（%）≥	10.0	—	—	10.0	—
	断裂伸长率（%）　≥	—	—	15	—	—
低温弯折性		−25℃无裂纹				
不透水性		0.3MPa，2h 不透水				

 50. 防水涂料的组批原则与抽样规则是什么？

答：防水涂料的组批原则、取样方法和数量见表 2-32。

防水涂料的组批原则、取样方法和数量　　　表 2-32

序号	涂料名称（标准代号）	组批原则、取样数量	取样方法
1	聚氨酯防水涂料 （GB/T 19250—2003）	（1）以同一类型、同一规格 15t 为一验收批，不足 15t 也作为一批（多组分产品按组分配套组批）； （2）每一验收批取样总重约为 3kg（多组分产品按配比取）	搅拌均匀后，装入干燥的密闭容器中（甲、乙组分取样方法相同，分装不同的容器）
2	聚合物水泥防水涂料 （GB/T 23445—2009）	（1）以同一类型的 10t 产品为一验收批，不足 10t 也作为一批； （2）两组分共取 5kg 样品	产品的液体组分抽样按 GB/T 3186 的规定进行，配套固体组分的抽样按 GB/T 12573—2008 中袋装水泥的规定进行
3	聚合物乳液建筑防水涂料 （JC/T 864—2008）	（1）以同一类型、同一规格 5t 为一验收批，不足 5t 也作为一批； （2）每一验收批取样总重约为 2kg	搅拌均匀后，装入干燥的密闭容器中
4	水乳型沥青防水涂料 （JC/T 408—2005）	（1）以同一类型、同一规格 5t 为一验收批，不足 5t 也作为一批； （2）每一验收批取样总重约为 2kg	搅拌均匀后，装入干燥的密闭容器中

51. 聚氨酯防水涂料的必试项目有哪些？如何进行试验和评定？

答：（1）必试项目

拉伸强度、断裂伸长率、低温弯折性、不透水性、固体含量。

（2）试验方法

1）试件的制备

① 在制备试件前，将涂料、模框、工具在标准条件［温度（23±2）℃、相对湿度（60±15）％］下放置24h以上。

② 称取所需的试验样品量，保证最厚涂膜厚度（1.5±0.2)mm。

③ 将静置后的样品搅拌均匀，若样品为双组分涂料则按生产厂要求的配比称取所需的甲组分（聚氨酯预聚体）和乙组分（固化剂），然后充分搅拌5min，在不混入气泡的情况下，倒入模框中涂覆。为了便于脱模，模框在涂覆前可用脱模剂进行表面处理。样品按生产厂的要求一次或多次涂覆（最多3次，每次间隔不超过24h），最后一次将表面刮平，在标准条件下养护96h（4d），然后脱模，涂膜翻过来继续养护72h（3d）。

按表2-33及图2-19的要求裁取试件并注明编号。

聚氨酯防水涂料试件形状及数量　　　　　　表2-33

编　号	试验项目	试件形状	试件数量（个）
A	拉伸性能	符合 GB/T 528 规定的哑铃 I 型	5
D	低温弯折性、低温柔性	100mm×25mm	3
E	不透水性	150mm×150mm	3

2）拉伸试验

① 试验步骤：

a. 在试件的狭小平行部分印两条平行标线，每条标线应与试样中心等距，两标线间的距离为（25.0±0.5)mm，标线的

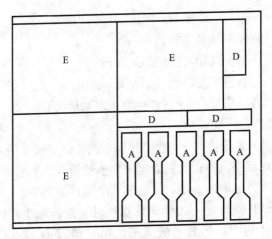

图 2-19　试件裁取示意图

粗度不应超过 0.5mm。

b. 用厚度计测量（精度为最小分度值 001mm）试样标距内的厚度，应测量 3 点，在标距的两端及中心各测一点，取 3 个测量值的中值为工作部分（试件受拉部分）的厚度值 d（精确至 0.01mm），但是 3 点测量的最大差值不宜超过 0.10mm。

c. 将试件安装在拉伸试验机（示值精度不低于 1‰，对机械式拉力机测值应在量程的 15‰～85‰）夹具上，拉伸速度调整为 500mm/min，夹具间距约为 70mm，开动试验机拉伸至试件断裂，记录试件断裂时的最大荷载，并用精度为 0.1mm 的标尺量取并记录试件破坏时标距间距离（L）。

② 结果计算：

a. 拉伸强度按下式计算，结果精确至 0.01MPa。

$$T_{\mathrm{L}} = P/(B \times D) \qquad (2\text{-}15)$$

式中　T_{L}——拉伸强度，MPa；

　　　P——最大拉力，N；

　　　B——试件中间部位宽度，mm；

　　　D——试件厚度，mm。

b. 断裂伸长率按下式计算，结果精确至 1‰。

$$E = (L_1 - L_0)/L_0 \times 100 \qquad (2\text{-}16)$$

式中　E——断裂伸长率,%;

　　　L_0——试件起始标线间距离,mm;

　　　L_1——试件断裂时标线间距离,mm。

c. 试验结果,以 5 个试件的算术平均值表示。

3) 低温弯折性试验

将试件在标准条件下放置 2h 后弯曲 180°,使 25mm 宽的边缘齐平,用订书机将边缘处固定,调整弯折机的上平板与下平板的距离为试件厚度的 3 倍,然后将 3 个试件分别平放在弯折机下平板上,试件重合的一边朝向弯折机轴,距转轴中心约 25mm。将放有试件的弯板机放入低温箱,在 $-40°$ 下保持 2h,打开冰箱,在 1s 内将弯折机的上平板压下,达到所调距离的平行位置后,保持 1s 取出试件,用 6 倍放大镜观察试件弯折处有无裂纹或开裂现象。

3 个试件均无裂纹或开裂为合格。

4) 不透水性试验

将 3 块试件分别放置于不透水仪的 3 个圆盘上。再在每块试件上各加一块相同尺寸,孔径为 (0.5 ± 0.1)mm 铜丝网布及圆孔透水盘,固定压紧,升压至 0.3MPa 并保持 30min。

3 个试件表面均无渗水现象为合格。

5) 固体含量试验

取 (64 ± 1)g 刚搅拌好的试样,置于已干燥、已称重的直径 (65 ± 5)mm 的培养皿中刮平,立即称量,然后在标准条件下放置 24h,再放入 (120 ± 2)℃ 的烘箱中,恒温 3h,取出放入干燥器中,在标准条件下冷却 2h,然后称重。试验平行测定两个试样。全部称量精确至 0.01g。

固体含量按下式计算:

$$X = \frac{m_2 - m_0}{m_1 - m_0} \times 100 \qquad (2\text{-}17)$$

式中　X——固体含量(质量百分数),%;

m_0——培养皿质量，g；

m_1——干燥前试样和培养皿质量，g；

m_2——干燥后试样和培养皿质量，g。

试验结果取两次平行试验的平均值，结果精确至 1%。

（3）技术要求及评定

聚氨酯防水涂料性能应按《聚氨酯防水涂料》（GB/T 19250—2003）的规定评定，符合表 2-34 和表 2-35 要求。

试验结果若仅有一项指标不符合标准规定，允许在该批产品中再抽同样数量的样品，对不合格项进行单项复验。达到标准规定时，则判该批产品必试项目合格，否则判为不合格。

单组分聚氨酯防水涂料材料性能　　　　　　　　　表 2-34

序　号	试验项目		I	II
1	拉伸强度（MPa）	≥	1.90	2.45
2	断裂伸长率（%）	≥	550	450
3	低温弯折性（℃）	≤	−40	
4	不透水性（0.3MPa，30min）		不透水	
5	固体含量（%）	≥	80	

多组分聚氨酯防水涂料材料性能　　　　　　　　　表 2-35

序　号	试验项目		I	II
1	拉伸强度（MPa）	≥	1.90	2.45
2	断裂伸长率（%）	≥	450	450
3	低温弯折性（℃）	≤	−35	
4	不透水性（0.3MPa，30min）		不透水	
5	固体含量（%）	≥	92	

52. 聚合物水泥防水涂料如何分类？必试项目有哪些？如何进行试验和评定？

答：（1）分类

聚合物水泥防水涂料（简称 JS 防水涂料）是以丙烯酸酯、

81

乙烯-乙酸乙烯酯等聚合物乳液和水泥为主要原料，加入填料及其他助剂配制而成，经水分挥发和水泥水化反应固化成膜的双组分水性防水涂料。

产品物理力学性能分为 I 型、II 型和 III 型。

I 型适用于活动量较大的基层，II 型和 III 型适用于活动量较小的基层。

（2）必试项目

1）I 型聚合物水泥防水涂料必试项目有：固体含量、拉伸强度、断裂伸长率、低温柔性和不透水性。

2）II 型聚合物水泥防水涂料必试项目有：固体含量、拉伸强度、断裂伸长率和抗渗性。

（3）试验方法

1）试样制备

在试样制备前，试验样品及所用试验器具在温度（23±2）℃，相对湿度（50%±10）%标准试验条件下至少放置 24h。

将在标准试验条件下放置后的样品按生产厂指定比例分别称取适量液体和固体组分，混合后机械搅拌 5min，倒入模具中涂覆，注意勿混入气泡。为便于脱模，涂覆前模具表面可用硅油或石蜡进行处理。试样制备时分二次或三次涂覆，后道涂覆应在前道涂层实干后进行，在 72h 内使涂膜厚度达到（1.5±0.2）mm。试样脱模后在标准条件下放置 168h，然后在（50±2）℃干燥箱中处理 24h，取出后置于干燥器中，在标准条件下至少放置 2h。用切片机将试样冲切成试件。

2）拉伸性能

拉伸试验方法、计算均与聚氨酯防水涂料相同，但拉伸速度为 200mm/mim。

3）不透水性

切取 150mm×150mm 的试件 3 块。在标准条件下放置 1h，将试件涂层面迎水置于不透水仪的圆盘上，再在试件上加一块相同尺寸，孔径为 0.2mm 的铜丝网布固定压紧，升压至 0.3MPa

并保持 30min。

3 个试件表面均无渗水现象为合格。

4）低温柔性

切取 100mm×25mm 的试件 3 块。将试件和直径 10mm 的圆棒一起放入低温箱中，在 -10℃下保持 2h 后打开低温箱，迅速捏住试件的两端（涂层面朝上），在 3～4s 时间内绕圆棒弯曲 180°，取出试件并立即观察其表面有无裂纹、断裂现象。

3 个试件均无裂纹或断裂为合格。

5）固体含量

将样品搅匀后称取约 2g 的试样置于已干燥称量的培养皿中，使试样均匀地流布于培养皿的底部。然后放入 (105±2)℃干燥箱内干燥 1h 后取出，放入干燥器中冷却至室温后称重，再将培养皿放入干燥箱内，干燥 30min 后放入干燥器中冷却至室温后称重，重复上述操作，直至前后两次称量差不大于 0.01g 为止。

固体含量按式（2-21）计算。试验结果取两次平行试验的平均值，结果精确至 1%。

6）抗渗性

① 仪器设备

砂浆渗透试验仪；水泥标准养护箱；金属试模：截锥带底圆模，上口直径 70mm，下口直径 80mm，高 30mm。

② 试件制备

a. 砂浆试件的制备

确定砂浆的配比和用量，并以砂浆试件在 0.3～0.4MPa 压力下透水为准，确定水灰比。每组试验制备三个试件，脱模后放入 (20±2)℃的水中养护 7d。取出待表面干燥后，用密封材料密封装入渗透仪中进行砂浆试件的抗渗试验。水压从 0.2MPa 开始，恒压 2h 后增至 0.3MPa，以后每隔 1h 增加 0.1MPa。直至 3 个试件全部透水。

b. 涂膜抗渗试件的制备

从渗透仪上取下已透水的砂浆试件，擦干试件上口表面水渍，将待测涂料样品按生产厂指定的比例，分别称取适量液体和固体组分，混合后机械搅拌 5min，在 3 个试件的上口表面（背水面）均匀涂抹混合好的试样，第一道 (0.5～0.6)mm 厚。待涂膜表面干燥后再涂第二道，使涂膜总厚度为 (1.0～1.2)mm。待第二道涂膜表干后，将制备好的抗渗试件放入水泥标准养护箱（室）中放置 168h，养护条件为：温度（20±1）℃，相对湿度不小于 90%。

③ 试验步骤

将抗渗试件从养护箱中取出，在标准条件下放置，待表面干燥后装入抗渗仪，按砂浆试件制备的加压程序进行涂膜抗渗试件的抗渗试验。当 3 个抗渗试件中有两个试件上表面出现透水现象时，即可停止该组试验，记录当时水压。当抗渗试件加压至 1.5MPa、恒压 1h 还未透水时，应停止试验。

涂膜抗渗性试验结果为三个试件中两个未出现透水时的最大水压力。

（4）技术要求及评定

聚合物水泥防水涂料性能应按《聚合物水泥防水涂料》（GB/T 23445—2009）评定，并符合表 2-36 要求。

聚合物水泥防水涂料物理力学性能　　表 2-36

序号	试验项目		技术指标		
			Ⅰ型	Ⅱ型	Ⅲ型
1	拉伸强度（无处理）(MPa)	≥	1.2	1.8	1.8
2	断裂伸长率（无处理）(%)	≥	200	80	30
3	低温柔性（ϕ10mm 棒）		−10℃无裂纹	—	—
4	固体含量（%）	≥	70	70	70
5	粘结强度（MPa）	≥	0.5	0.7	0.7
6	不透水性（0.3MPa，30min）		不透水	不透水	不透水
7	抗渗性（砂浆背水面）(MPa)	≥	—	0.6	0.8

所有指标均符合标准要求，判该批产品必试项目合格；若有两项或两项以上指标不符合标准时，判该批产品不合格；若有一

项指标不符合标准时，允许在同批产品中加倍抽样进行单项复验，若该项仍不符合标准，则判该批产品不合格。

53. 水乳型沥青防水涂料必试项目有哪些？如何进行试验和评定？

答：（1）必试项目

固体含量、耐热度、不透水性、低温柔度和断裂伸长率。

（2）试验方法

1）试样制备

在试样制备前，试验样品及所用试验器具在温度（23±2)℃，相对湿度（60％±15)％的标准试验条件下放置24h。

在标准试验条件下称取所需的样品量，保证最终涂膜厚度（1.5＋0.2)mm。

将样品在不混入气泡的情况下倒入模框中。模框不得翘曲且表面平滑，为便于脱模，涂覆前可用脱模剂处理或采用易脱模的模板（如光滑的聚乙烯、聚丙烯、聚四氟乙烯、硅油纸等）。样品分3～5次涂覆（每次间隔8～24h），最后一次将表面刮平，在标准条件下养护120h后脱模，避免涂膜变形、开裂（宜在低温箱中进行），涂膜翻个面，底面朝上，在（40±2)℃的电热鼓风干燥箱中养护48h，再在标准试验条件下养护4h。

水乳型沥青防水涂料试件形状及数量见表2-37。

水乳型沥青防水涂料试件形状及数量　　表2-37

试验项目	试件形状	试件数量（个）
断裂伸长率	符合GB/T 528规定的哑铃Ⅰ型	6
不透水性	150mm×150mm	3
耐热度	100mm×50mm	3
低温柔度	100mm×25mm	3

2）耐热度

将样品搅匀后，取表面已用溶剂清洁干净的铝板，将样品分

3～5 次涂覆（每次间隔 8～24h），涂覆面积为 100mm×50mm，总厚度 (1.5±0.2)mm，最后一次将表面刮平，在标准试验条件下养护 120h，然后在 (40±2)℃ 的电热鼓风干燥箱中养护 48h。取出试件，将铝板垂直悬挂在已调到规定温度的电热鼓风干燥箱内，试件与干燥箱壁间的距离不小于 50mm，试件的中心宜与温度计的探头在同一水平位置，达到规定温度后放置 5h 取出，观察表面现象。

3 个试件均无流淌、滑动、滴落现象为合格。

3）不透水性

将试件在标准条件下放置 1h，将试件涂层面迎水置于不透水仪的圆盘上，在试件和铜丝网（孔径为 0.5±0.1mm）间加一张滤纸，固定压紧，升压至 0.10MPa 并保持 30min。

3 个试件表面均无渗水现象为合格。

4）低温柔度

直径 30mm 的弯板或圆棒，按 GB 18242—2008 进行试验。

3 个试件表面均无裂纹、断裂为合格。

5）断裂伸长率

将试件在标准条件下至少放置 2h，在试件上画好两条间距 25mm 的平行标线，将试件夹在拉伸试验机夹具间，夹具间距约 70mm，以 (500±50)mm/min 的拉伸速度拉伸试件至断裂，记录试件断裂时标线间的距离，精确至 1mm，测试 5 个试件。若有试件断裂在标线外，取备用件补做。

断裂伸长率按下式计算：

$$L = 100(L_1 - 25)/25 \qquad (2\text{-}18)$$

式中　L——试件断裂时的伸长率，%；

　　　L_1——试件断裂时标线间的距离，mm；

　　　25——试件拉伸前标线间的距离，mm。

试验结果取 5 个试件的平均值，精确至 1%。

若有个别试件断裂伸长率达到 100% 不断裂，以 1000% 计算；若所有试件都达到 1000% 时不断裂，试验结果报告为大于

1000%。

6）固体含量

将样品搅匀后，取（3±0.5)g 的试样，倒入已干燥称量的、底部衬有定性滤纸的直径（65±5)mm 的培养皿中刮平，立即称量，然后放入已恒温到（105+2)℃烘箱中，恒温 3h，取出放入干燥器中，在标准试验条件下冷却 2h，然后称量。

固体含量按式（2-21）计算。试验结果取两次平行试验的平均值，结果精确至 1%。

（3）评定

水乳型沥青防水涂料应按《水乳型沥青防水涂料》（JC/T 408—2005）的规定评定，并符合表 2-38 要求。

试验结果若仅有一项指标不符合标准规定，允许在该批产品中再抽同样数量的样品，对不合格项进行单项复验。达到标准规定时，则判该批产品必试项目合格，否则判为不合格。

水乳型沥青水泥防水涂料物理力学性能   表 2-38

序号	试验项目		技术指标	
			L	H
1	断裂伸长率（标准条件）（%）≥		600	
2	低温柔度（标准条件）（℃）		−10 无裂纹	—
3	固体含量（%）≥		45	
4	耐热度（℃）		80±2	110±2
			无流淌、滑动、滴落	
5	不透水性（0.1MPa，30min）		不透水	

54. 止水带如何分类？组批原则和取样方法有哪些？必试项目有哪些？

答：（1）分类

止水带按其用途分为以下三类：

1）B类：适用于变形缝用止水带。

2）S类：适用于施工缝用止水带。

3）J类：适用于有特殊耐老化要求的接缝用止水带。

（2）组批原则和取样方法

以每月同标记的止水带产量为一批，逐一进行规格尺寸和外观质量检查。在规格尺寸和外观质量检查合格的样品中随机抽取足够的试样，进行物理性能检验。

（3）必试项目

拉伸强度、扯断伸长率、撕裂强度。

第五节　混凝土外加剂

55. 与混凝土外加剂试验有关的现行标准、规范有哪些？

答：（1）《混凝土外加剂的分类、命名与定义》（GB 8075—2006）

（2）《混凝土外加剂》（GB 8076—2008）

（3）《混凝土外加剂匀质性试验方法》（GB 8077—2012）

（4）《混凝土防冻泵送剂》（JC/T 377—2012）

（5）《砂浆、混凝土防水剂》（JC 474—2008）

（6）《混凝土防冻剂》（JC 475—2004）

（7）《混凝土膨胀剂》（GB 23439—2009）

（8）《喷射混凝土用速凝剂》（JC 477—2005）

（9）《混凝土外加剂应用技术规范》（GB 50119—2003）

（10）《混凝土外加剂中释放氨的限量》（GB 18588—2001）

56. 混凝土外加剂的定义、分类和名称是如何规定的？

答：混凝土外加剂是一种在混凝土搅拌之前和（或）拌制过程中加入的，用以改善新拌混凝土和（或）硬化混凝土性能的材料。

（1）分类

混凝土外加剂按其主要功能分为四类：

1）改善混凝土拌合物流变性能的外加剂。如减水剂、泵送剂等。

2）调节混凝土凝结时间、硬化性能的外加剂。如缓凝剂、早强剂和速凝剂等。

3）改善混凝土耐久性的外加剂。如引气剂、防水剂、阻锈剂和矿物外加剂等。

4）改善混凝土其他性能的外加剂。如膨胀剂、防冻剂、着色剂等。

（2）名称及定义

1）普通减水剂：在混凝土坍落度基本相同的条件下，能减少拌合用水量的外加剂。

2）早强剂：加速混凝土早期强度发展的外加剂。

3）缓凝剂：延长混凝土凝结时间的外加剂。

4）促凝剂：能缩短拌合物凝结时间的外加剂。

5）引气剂：在搅拌混凝土过程中能引入大量均匀分布、稳定而封闭的微小气泡且能保留在硬化混凝土中的外加剂。

6）高效减水剂：在混凝土坍落度基本相同的条件下，能大幅度减少拌合用水量的外加剂。

7）缓凝高效减水剂：兼有缓凝功能和高效减水功能的外加剂。

8）早强减水剂：兼有早强和减水功能的外加剂。

9）缓凝减水剂：兼有缓凝和减水功能的外加剂。

10）引气减水剂：兼有引气和减水功能的外加剂。

11）防水剂：能提高砂浆、混凝土抗渗性能的外加剂。

12）阻锈剂：能抑制或减轻混凝土中钢筋或其他金属预埋件锈蚀的外加剂。

13）加气剂：混凝土制备过程中因发生化学反应放出气体，使硬化混凝土中有大量均匀分布气孔的外加剂。

14）膨胀剂：在混凝土硬化过程中因化学作用能使混凝土产生一定体积膨胀的外加剂。

15）防冻剂：能使混凝土在负温下硬化，并在规定养护条件下达到预期性能的外加剂。

16）速凝剂：能使混凝土迅速凝结硬化的外加剂。

17）泵送剂：能改善混凝土拌合物泵送性能的外加剂。

18）着色剂：能制备具有彩色混凝土的外加剂。

19）保水剂：能减少混凝土或砂浆失水的外加剂。

20）絮凝剂：在水中施工时，能增加混凝土黏稠性，抗水泥和骨料分离的外加剂。

21）增稠剂：能提高混凝土拌合物黏度的外加剂。

22）减缩剂：减少混凝土收缩的外加剂。

23）保塑剂：在一定时间内，减少混凝土坍落度损失的外加剂。

24）磨细矿渣：粒状高炉矿渣经干燥、粉磨等工艺达到规定细度的产品。

25）硅灰：在冶炼硅铁合金或工业硅时，通过烟道排出的硅蒸气氧化后，经收尘器收集的以无定形二氧化硅为主要成分的产品。

26）磨细粉煤灰：干燥的粉煤灰经磨细达到规定细度的产品。

27）磨细天然沸石：以一定品位纯度的天然沸石为原料，经粉磨至规定细度的产品。

🧑‍💼 57. 混凝土外加剂的代表批量、取样数量和留样有何规定？

答：（1）代表批量

1）依据《混凝土外加剂》（GB 8076—2008）标准的混凝土外加剂：掺量≥1%的同品种外加剂，每一批号为100t；掺量<1%的外加剂，每一批号为50t。不足100t或50t的，可按一个批量计，同一批号的产品必须混合均匀。

2）防水剂：年产500t以上的防水剂，每50t为一批，年产

500t 以下的防水剂，每 30t 为一批，不足 50t 或 30t 的也按一个批量计。

3）泵送剂：同防水剂。

4）防冻剂：每 50t 为一批，不足 50t 也作为一批。

5）速凝剂：每 20t 为一批，不足 20t 也作为一批。

6）膨胀剂：日产量超过 200t 时，以 200t 为一批号，不足 200t 时，应以不超过日产量为一批号。

（2）取样数量

每一批号取样量：防冻剂按最大掺量不少于 0.15t 水泥所需要的量；速凝剂不少于 4kg。其他外加剂不少于 0.2t 水泥所需用的外加剂量。

（3）留样

每一批号取得的试样应充分混合均匀，分为两等份，一份按规定项目进行试验，另一份要密封保存半年，以备有疑问时提交国家指定的检验机关进行复验或仲裁。

58. 混凝土外加剂的复试项目有哪些？

答：混凝土外加剂复试项目见表 2-39。

凝土外加剂复试项目 表 2-39

外加剂品种	复试项目	依据标准代号
普通减水剂	pH 值、密度（或细度）、减水率	GB 8076—2008 GB 8077—2012
高效减水剂	pH 值、密度（或细度）、减水率	GB 8076—2008 GB 8077—2012
早强减水剂	密度（或细度）、1d 和 3d 抗压强度比、减水率	GB 8076—2008 GB 8077—2012
缓凝减水剂	pH 值、密度（或细度）、减水率、凝结时间差	GB 8076—2008 GB 8077—2012
缓凝高效减水剂	pH 值、密度（或细度）、减水率、凝结时间差	GB 8076—2008 GB 8077—2012

外加剂品种	复试项目	依据标准代号
引气减水剂	pH 值、密度（或细度）、减水率、含气量	GB 8076—2008 GB 8077—2012
早强剂	密度（或细度）、1d 和 3d 抗压强度比	GB 8076—2008 GB 8077—2012
缓凝剂	pH 值、密度（或细度）、凝结时间差	GB 8076—2008 GB 8077—2012
引气剂	pH 值、密度（或细度）、含气量	GB 8076—2008 GB 8077—2012
泵送剂	密度（或细度）、坍落度增加值、坍落度损失值	GB 8077—2012 JC/T 37—2012
防水剂	密度（或细度）	JC 474—2008 GB 8077—2012
防冻剂	钢筋锈蚀、密度（或细度）、－7d 和－7d＋28d 抗压强度比	JC 475—2004 GB 8077—2012
膨胀剂	限制膨胀率	GB 23439—2009 GB 8077—2012
速凝剂	密度（或细度）、1d 抗压强度、凝结时间	JC 477—2005 GB 8077—2012

59. 什么是基准混凝土、受检混凝土、受检标准养护混凝土和受检负温混凝土？

答：（1）基准混凝土：符合相关标准试验条件规定的、不掺外加剂的混凝土。

（2）受检混凝土：符合相关标准试验条件规定的、掺有外加剂的混凝土。

（3）受检标准养护混凝土：按照相关标准规定条件下配制的掺有防冻剂的标准养护混凝土。

（4）受检负温混凝土：按照相关标准规定条件下配制的掺有防冻剂并按规定条件养护的混凝土。

60. 混凝土外加剂试验对原材料有何要求？

答：（1）基准水泥

基准水泥是检验混凝土外加剂性能的专用水泥，是由符合下列品质指标的硅酸盐水泥熟料与二水石膏共同粉磨而成的 42.5 强度等级的 P.I 型硅酸盐水泥。基准水泥必须由经中国建材联合会混凝土外加剂分会与有关单位共同确认具备生产条件的工厂供给。

品质指标（除满足 42.5 强度等级硅酸盐水泥技术要求外）：

1）熟料中铝酸三钙（C_3A）含量 6％～8％。

2）熟料中硅酸三钙（C_3S）含量 55％～60％。

3）熟料中游离氧化钙（$fCaO$）含量不得超过 1.2％。

4）水泥中碱（$Na_2O+0.658K_2O$）含量不得超过 1.0％。

5）水泥比表面积（350 ± 10）m^2/kg。

（2）砂

符合 GB/T 14684 中Ⅱ区要求的中砂，但细度模数为 2.6～2.9，含泥量小于 1％。

（3）石子

符合 GB/T 14685 要求的公称粒径为 5～20mm 的碎石或卵石，采用二级配，其中 5～10mm 占 40％，10～20mm 占 60％，满足连续级配要求，针片状物质含量小于 10％，空隙率小于47％，含泥量小于 0.5％。如有争议，以碎石结果为准。

（4）水

符合《混凝土用水标准》（JGJ 63—2006）的技术要求。

61. 检验外加剂性能时，混凝土（或砂浆）配合比应如何设计？

答：基准混凝土配合比按《普通混凝土配合比设计规程》（JGJ 55—2011）进行设计。

掺非引气型外加剂的受检混凝土和其对应的基准混凝土的水泥、砂、石的比例相同。配合比设计应符合以下规定：

（1）水泥用量：掺高性能减水剂或泵送剂的基准混凝土和受检混凝土的单位水泥用量为 360kg/m³；掺其他外加剂的基准混凝土和受检混凝土单位水泥用量为 330kg/m³。

（2）砂率：掺高性能减水剂或泵送剂的基准混凝土和受检混凝土的砂率均为 43%～47%；掺其他外加剂的基准混凝土和受检混凝土的砂率为 36%～40%；但掺引气减水剂或引气剂的受检混凝土的砂率应比基准混凝土的砂率低 1%～3%。

（3）外加剂掺量：按生产厂家指定掺量。

（4）用水量：掺高性能减水剂或泵送剂的基准混凝土和受检混凝土的坍落度控制在（210±10)mm，用水量为坍落度在（210±10)mm 时的最小用水量；掺其他外加剂的基准混凝土和受检混凝土的坍落度控制在（80±10)mm。

用水量包括液体外加剂、砂、石材料中所含的水量。

62. 进行混凝土外加剂检验时，各试验项目对应的拌合批数及取样数量有何规定？

答：混凝土外加剂试验项目及所需数量见表 2-40。

混凝土外加剂试验项目及所需数量　　　　表 2-40

试验项目		外加剂类别	试验类别	试验所需数量			
				混凝土拌合批数	每批取样数目	基准混凝土总取样数目	受检混凝土总取样数目
减水率		除早强剂/缓凝剂外的各种外加剂	混凝土拌合物	3	1 次	3 次	3 次
泌水率比		各种外加剂		3	1 个	3 个	3 个
含气量				3	1 个	3 个	3 个
凝结时间差				3	1 个	3 个	3 个
1h经时变化量	坍落度	高性能减水剂、泵送剂		3	1 个	3 个	3 个
	含气量	引气减水剂、引气剂		3	1 个	3 个	3 个

试验项目	外加剂类别	试验类别	试验所需数量			
			混凝土拌合批数	每批取样数目	基准混凝土总取样数目	受检混凝土总取样数目
抗压强度比	各种外加剂	硬化混凝土	3	6、9 或 12 块	18、27 或 36 块	18、27 或 36 块
收缩率比			3	1 条	3 条	3 条
相对耐久性	引气减水剂、引气剂	硬化混凝土	3	1 条	3 条	3 条

注：试验时，检验同一种外加剂的三批混凝土的制作宜在开始试验一周内的不同日期完成。对比的基准混凝土和受检混凝土应同时完成。

63. 如何进行混凝土外加剂试验？

答：（1）减水率试验

减水率为坍落度基本相同时，基准混凝土和受检混凝土单位用水量之差与基准混凝土单位用水量之比。减水率按下式计算，应精确到 0.1%。

$$W_R = \frac{W_0 - W_1}{W_0} \times 100 \qquad (2\text{-}19)$$

式中　W_R——减水率，%；

　　　W_0——基准混凝土单位用水量，kg/m^3；

　　　W_1——受检混凝土单位用水量，kg/m^3。

W_R 以三批试验的算术平均值计，精确到 1%。若三批试验的最大值或最小值中有一个与中间值之差超过中间值的 15% 时，则把最大值与最小值一并舍去，取中间值作为该组试验的减水率。若有两个测值与中间值之差均超过 15% 时，则该批试验结果无效，应该重做。

（2）坍落度 1h 经时变化量测定

将按要求搅拌的混凝土留下足够一次混凝土坍落度的试验数量，并装入用湿布擦过的试样筒内，容器加盖，静置至 1h（从加水搅拌时开始计算），然后倒出，在铁板上用铁锹翻拌至均匀后，再按照坍落度测定方法测定坍落度。计算出机时和 1h 之后的坍落度的差值，即得到坍落度的经时变化量。

坍落度 1h 经时变化量按下式计算：

$$\Delta Sl = Sl_0 - Sl_{1h} \tag{2-20}$$

式中　ΔSl——坍落度经时变化量，mm；

　　　Sl_0——出机时测得的坍落度，mm；

　　　Sl_{1h}——1h 后测得的坍落度，mm。

（3）泌水率比测定

1）泌水率的测定。

先用湿布润湿容积为 5L 的带盖筒（内径为 185mm，高 200mm），将混凝土拌合物一次装入，在振动台上振动 20s，然后用抹刀轻轻抹平，加盖以防水分蒸发。试样表面应比筒口边低约 20mm。自抹面开始计算时间，在前 60min，每隔 10min 用吸液管吸出泌水一次，以后每隔 20min 吸水一次，直至连续 3 次无泌水为止。每次吸水前 5min，应将筒底一侧垫高约 20mm，使筒倾斜，以便于吸水。吸水后，将筒轻轻放平盖好。将每次吸出的水都注入带塞量筒，最后计算出总的泌水量，精确至 1g，并按式（2-25）、式（2-26）计算泌水率：

$$B = \frac{V_W}{(W/G)G_W} \times 100 \tag{2-21}$$

$$G_W = G_1 - G_0 \tag{2-22}$$

式中　B——泌水率，%；

　　　V_W——泌水总质量，g；

　　　W——混凝土拌合物的用水量，g；

　　　G——混凝土拌合物的总质量，g；

　　　G_W——试样质量，g；

　　　G_1——筒及试样质量，g；

　　　G_0——筒质量，g。

试验时，从每批混凝土拌合物中取一个试样，泌水率取三个试样的算术平均值，精确到 0.1%。若三个试样的最大值或最小值中有一个与中间值之差大于中间值的 15%，则把最大值与最小值一并舍去，取中间值作为该组试验的泌水率，如果最大值和最小值与中间值之差均大于中间值的 15%时，则应重做。

2）泌水率比按下式计算，应精确到 1%。

$$R_B = \frac{B_t}{B_c} \times 100 \qquad (2\text{-}23)$$

式中 R_B——泌水率比，%；

$\quad\quad B_t$——受检混凝土泌水率，%；

$\quad\quad B_c$——基准混凝土泌水率，%。

（4）含气量和含气量 1h 经时变化量的测定

1）含气量测定。

按《普通混凝土拌合物性能测试方法》GB/T 50080 规定，用气水混合式含气量测定仪，并按仪器说明进行操作，但混凝土拌合物应一次装满并稍高于容器，用振动台振实 15～20s。

试验时，从每批混凝土拌合物取一个试样，含气量以三个试样测值的算术平均值来表示。若三个试样中的最大值或最小值中有一个与中间值之差超过 0.5%时，将最大值与最小值一并舍去，取中间值作为该批的试验结果；如果最大值与最小值与中间值之差均超过 0.5%，则应重做。含气量和 1h 经时变化量测定值精确到 0.1%。

2）含气量 1h 经时变化量测定。

将按要求搅拌的混凝土留下足够一次含气量试验的数量，并装入用湿布擦过的试样筒内，容器加盖，静置至 1h（从加水搅拌时开始计算），然后倒出，在铁板上用铁锹翻拌均匀后，再按照含气量测定方法测定含气量。计算出机时和 1h 之后的含气量之差值，即得到含气量的经时变化量。

含气量 1h 经时变化量按下式计算：

$$\Delta A = A_0 - A_{1h} \qquad (2\text{-}24)$$

式中　ΔA——含气量经时变化量，%；

A_0——出机后测得的含气量，%；

A_{1h}——1h 后测得的含气量，%。

（5）凝结时间差测定

凝结时间采用贯入阻力仪测定，仪器精度为 10N，凝结时间测定方法如下：

将混凝土拌合物用 5mm（圆孔筛）振动筛筛出砂浆，拌匀后装入上口内径为 160mm，下口内径为 150mm，净高 150mm 的刚性不渗水的金属圆筒，试样表面应略低于筒口约 10mm，用振动台振实，约 3～5s，置于（20±2）℃的环境中，容器加盖。一般基准混凝土在成型后 3～4h，掺早强剂的在成型后 1～2h，掺缓凝剂的在成型后 4～6h 开始测定，以后每 0.5h 或 1h 测定一次，但在临近初、终凝时，可以缩短测定间隔时间。每次测点应避开前一次测孔，其净距为试针直径的 2 倍，但至少不小于 15mm，试针与容器边缘之距离不小于 25mm。测定初凝时间用截面积为 100mm² 的试针，测定终凝时间用 20mm² 的试针。

测试时，将砂浆试样筒置于贯入阻力仪上，测针端部与砂浆表面接触，然后在（10±2）s 内均匀地使测针贯入砂浆（25±2）mm 深度。记录贯入阻力，精确至 10N，记录测量时间，精确至 1min。贯入阻力按下式计算，精确到 0.1MPa。

$$R = \frac{P}{A} \tag{2-25}$$

式中　R——贯入阻力值，MPa；

P——贯入深度达 25mm 时所需的净压力，N；

A——贯入阻力仪试针的截面积，mm²。

根据计算结果，以贯入阻力值为纵坐标，测试时间为横坐标，绘制贯入阻力值与时间关系曲线，求出贯入阻力值达 3.5MPa 时，对应的时间作为初凝时间；贯入阻力值达 28MPa 时，对应的时间作为终凝时间。从水泥与水接触时开始计算凝结时间。

试验时，每批混凝土拌合物取一个试样，凝结时间取三个试样的平均值。若三批试验的最大值或最小值之中有一个与中间值之差超过 30min，把最大值与最小值一并舍去，取中间值作为该组试验的凝结时间。若两测值与中间值之差均超过 30min 组试验结果无效，则应重做。凝结时间以 min 表示，并修约到 5min。

凝结时间差按下式计算：

$$\Delta T = T_t - T_C \qquad (2\text{-}26)$$

式中　ΔT——凝结时间之差，min；

　　　T_t——受检混凝土的初凝或终凝时间，min；

　　　T_C——基准混凝土的初凝或终凝时间，min。

（6）抗压强度比测定

受检混凝土与基准混凝土的抗压强度按《普通混凝土力学性能试验方法标准》GB/T 50081 的规定进行试验和计算。试件制作时，用振动台振动 15～20s。试件预养温度为（20±3）℃。试验结果以三批试验测值的平均值表示，若三批试验中有一批的最大值或最小值与中间值的差值超过中间值的 15%，则把最大值与最小值一并舍去，取中间值作为该批的试验结果，如有两批测值与中间值的差均超过中间值的 15%，则试验结果无效，应该重做。

抗压强度比以掺外加剂混凝土与基准混凝土同龄期抗压强度之比表示，按下式计算，精确到 1%。

$$R_f = \frac{f_t}{f_c} \times 100 \qquad (2\text{-}27)$$

式中　R_f——抗压强度比，%；

　　　f_t——受检混凝土的抗压强度，MPa；

　　　f_c——基准混凝土的抗压强度，MPa。

（7）收缩率比测定

受检混凝土及基准混凝土的收缩率按《普通混凝土长期性能和耐久性能试验方法》GB/T 50082 的规定测定和计算。试件用振动台成型，振动 15～20s。每批混凝土拌合物取一个试样，以三个试样收缩率比的算术平均值表示，计算精确 1%。

收缩率比以 28d 龄期时受检混凝土与基准混凝土的收缩率的比值表示，按下式计算：

$$R_\varepsilon = \frac{\varepsilon_t}{\varepsilon_c} \times 100 \qquad (2\text{-}28)$$

式中　R_ε——收缩率比，%；

　　　ε_t——受检混凝土的收缩率，%；

　　　ε_c——基准混凝土的收缩率，%。

（8）pH 值的测定

1）仪器：酸度计、甘汞电极、玻璃电极、复合电极。

2）测试条件：液体样品直接测试，固体样品溶液的浓度为 10g/L，被测溶液的温度为（20±3）℃。

3）试验步骤：首先按仪器的出厂说明书校正仪器。当仪器校正好后，先用水再用测试溶液冲洗电极，然后再将电极浸入被测溶液中，轻轻摇动试杯，使溶液均匀。待到酸度计的读数稳定 1min，记录读数。测量结束后，用水冲洗电极，以待下次测量。

酸度计测出的结果即为溶液的 pH 值，室内允许差为 0.2，室间允许差为 0.5。

第六节　其他材料

64. 与粉煤灰、粒化高炉矿渣粉试验有关的现行标准、规范有哪些？

答：（1）《用于水泥和混凝土中的粉煤灰》（GB/T 1596—2005）

（2）《粉煤灰混凝土应用技术规范》（GBJ 146—1990）

（3）《用于水泥和混凝土中的粒化高炉矿渣粉》（GB/T 18046—2008）

65. 粉煤灰试样的取样方法和数量有哪些规定？

答：（1）以连续供应的 200t 相同等级的粉煤灰为一批，不足 200t 者按一批论，粉煤灰的数量按干灰（含水量小于 1%）的重量计算。

（2）散装灰取样：从不同部位取 15 份试样，每份试样 1～3kg，混合拌匀，按四分法缩取比试验所需量大一倍的试样（称为平均试样）。

（3）袋装灰取样：从每批中任抽 10 袋，并从每袋中各取试样 1kg，混合拌匀，按四分法缩取比试验所需量大一倍的试样。

66. 粉煤灰必试项目有哪些？如何进行试验？试验结果如何评定？

答：（1）必试项目

细度，烧失量，需水量比。

（2）细度试验

1）将测试用粉煤灰样品置于温度为 105～110℃烘干箱内烘至恒重，取出放在干燥器中冷却至室温。

2）称取试样 10g，精确至 0.01g。倒入 45μm 方孔筛筛网上，将筛子置于筛座上，盖上筛盖。

3）接通电源，将定时开关开到 3min，开始筛分析。

4）开始工作后，观察负压表，使负压稳定在 4000～6000Pa，若负压小于 4000Pa 时，则应停机，清理吸尘器中的积灰后再进行筛析。

5）在筛析过程中，可用轻质木棒或橡胶棒轻轻敲打筛盖，以防吸附。

6）3min 后筛析自动停止，停机后观察筛余物，如出现颗粒成球、粘筛或有颗粒沉积在筛框边缘，用毛刷将颗粒轻轻刷开，将定时开关固定在手动位置，再筛析 1～3min 直至筛分彻底为止。将筛网内的筛余物收集并称量，准确至 0.01g。

粉煤灰细度按下式计算：

$$F = (G_1/G) \times 100 \qquad (2-29)$$

式中　F——45μm 方孔筛筛余,%;

　　　G——筛余物的质量, g;

　　　G_1——称取试样的质量, g。

（3）烧失量试验

准确称取 1g 试样,精确至 1mg,置于已灼烧恒重的瓷坩埚中,将盖斜置于坩埚上,放在高温炉内从低温开始逐渐升高温度,在 950~1000℃ 的温度下灼烧 15~20min,取出坩埚,置于干燥器中冷却至室温。称量,如此反复灼烧,直至恒重。

粉煤灰烧失量按下式计算:

$$X = \frac{G - G_1}{G} \tag{2-30}$$

式中　X——烧失量,%;

　　　G——灼烧前试样质量, g;

　　　G_1——灼烧后试样质量, g。

（4）需水量比试验

1）样品

试验样品:75g 粉煤灰,175g 硅酸盐水泥和 750g 标准砂。

对比样品:250g 水泥,750g 标准砂。

2）试验步骤

试验胶砂按 GB/T 17671—1999 标准规定进行搅拌,搅拌后的试验胶砂按 GB/T 2419—2005 标准要求测定流动度,记录此时的加水量 L_1,当流动度小于 130mm 或大于 140mm 时,重新调整加水量,直至流动度达到 130~140mm 为止。

粉煤灰需水量比按下式计算:

$$X_1 = (L_1/125) \times 100 \tag{2-31}$$

式中　X_1——需水量比,%;

　　　L_1——试验胶砂流动度达到 130~140mm 时的加水量,
　　　　　　　mL;

　　　125——对比胶砂的加水量, mL。

计算至 1%。

（5）试验结果的评定

拌制混凝土和砂浆用粉煤灰，试验结果符合表 2-41 技术要求时为该等级产品。

若其中任何一项不符合要求，允许在同一编号中重新加倍取样进行全部项目的复检，以复检结果判定，复检不合格可降级处理。凡低于表 2-41 最低级别要求的为不合格品。

拌制混凝土和砂浆用粉煤灰技术要求　　　表 2-41

项　目	粉煤灰级别		
	I	II	III
细度（45μm 方孔筛筛余），不大于（%）	12.0	25.0	45.0
需水量比，不大于（%）	95	105	115
烧失量，不大于（%）	5.0	8.0	15.0
含水量，不大于（%）	1.0		
三氧化硫，不大于（%）	3.0		
游离氧化钙，不大于（%）　F 类	1.0		
游离氧化钙，不大于（%）　C 类	4.0		
安定性，雷氏夹沸煮后增加距离不大于（mm）　C 类	5.0		

67. 粒化高炉矿渣粉试样必试项目有哪些？取样方法和数量有哪些规定？

答：（1）必试项目

比表面积，活性指数，流动度比。

（2）取样

取样按《水泥取样方法》（GB 12573—1990）的规定进行，取样应有代表性，可以连续取样，也可以在 20 个以上部位取等量样品总质量至少 20kg。试样应混合均匀，按四分法缩取比试样所需量大一倍的试样，称平均样。

68. 粒化高炉矿渣粉的技术要求是什么？判定规则有何
规定？

答：（1）技术要求

矿渣粉应符合表 2-42 的技术指标规定。

矿渣粉技术指标　　　　　　　表 2-42

项　目		级　别		
		S105	S95	S75
密度（g/cm²）	≥	2.8		
比表面积（m²/kg）	≥	500	400	300
活性指数（%）	7d	95	75	55
	28d	105	95	75
流动度比（%）	≥	1.0		
含水量（质量分数）（%）	≤	4.0		
三氧化硫（质量分数）（%）	≤	0.06		
烧失量（质量分数）（%）	≤	3.0		
玻璃体含量（质量分数）（%）	≥	85		
放射性		合格		

（2）评定规则

1）检验结果符合表 2-42 中密度、比表面积、活性指数、流
动度比、含水量、三氧化硫等技术指标要求的为合格品。

2）检验结果不符合表 2-42 中密度、比表面积、活性指数、
流动度比、含水量、三氧化硫等技术指标要求的为不合格品。若
其中任何一项不符合要求，应重新加倍取样，对不合格的项目进
行复检，评定时以复检结果为准。

69. 与砌墙砖及砌块有关的现行标准、规范、规程有哪些？

答：（1）《墙体材料术语》（GB/T 18968—2003）

（2）《烧结普通砖》（GB 5101—2003）

(3)《烧结多孔砖和多孔砌块》(GB 13544—2011)

(4)《烧结空心砖和空心砌块》(GB 13545—2003)

(5)《混凝土实心砖》(GB/T 21144—2007)

(6)《混凝土多孔砖》(JC 943—2004)

(7)《承重混凝土多孔砖》(GB 25779—2010)

(8)《粉煤灰砖》(JC 239—2001)

(9)《粉煤灰砌块》(JC 238—1991)(1996)

(10)《蒸压灰砂砖》(GB 11945—1999)

(11)《蒸压加气混凝土砌块》(GB 11968—2006)

(12)《普通混凝土小型空心砌块》(GB 8239—1997)

(13)《中型空心砌块》(JC 716—1996)

(14)《轻集料混凝土小型空心砌块》(GB 15229—2011)

(15)《泡沫混凝土砌块》(JC/T 1062—2007)

(16)《建筑隔墙用轻质条板》(JG/T 169—2005)

(17)《砌墙砖检验规则》(JG/T 466—1996)

(18)《砌墙砖试验方法》(GB/T 2542—2003)

(19)《混凝土小型空心砌块试验方法》(GB/T 4111—1997)

(20)《蒸压加气混凝土性能试验方法》(GB 11969—2008)

70. 常用砌墙砖及砌块的必试项目、组批原则及取样规定有哪些?

答:常用砌墙砖及砌块的必试项目、组批原则及取样规定见表 2-43。

常用砌墙砖及砌块的必试项目、组批原则及取样规定　表 2-43

材料名称及相关 标准规范代号	试验项目	组批原则及取样规定
烧结普通砖 (GB 5101—2003)	必试:抗压强度 其他:抗风化、泛霜、石灰爆裂、抗冻	(1)每 15 万块为一验收批,不足 15 万块也按一批计; (2)每一验收批随机抽取试样一组(10 块)

材料名称及相关标准规范代号	试验项目	组批原则及取样规定
烧结多孔砖和多孔砌块 (GB 13544—2011)	必试：抗压强度 其他：冻融、泛霜、石灰爆裂、吸水率	(1) 每5万块为一验收批，不足5万块也按一批计； (2) 每一验收批随机抽取试样一组 (10块)
烧结空心砖和空心砌块 (GB 13545—2003)	必试：抗压强度 其他：冻融、泛霜、石灰爆裂、吸水率	(1) 每3.5万～15万块为一验收批，不足3.5万块也按一批计； (2) 每批从尺寸偏差和外观质量检验合格的砖中，随机抽取抗压强度试验试样一组 (5块)
粉煤灰砖 (JC 239—2001)	必试：抗压强度、抗折强度 其他：干燥收缩、抗冻	(1) 每10万块为一验收批，不足10万块也按一批计； (2) 每一验收批随机抽取试样一组 (20块)
蒸压灰砂砖 (GB 11945—1999)	必试：抗压强度、抗折强度 其他：密、抗冻	(1) 每10万块为一验收批，不足10万块也按一批计； (2) 每一验收批随机抽取试样一组 (10块)
普通混凝土小型空心砌块 (GB 8239—1997) 轻集料混凝土小型空心砌块 (GB 15229—2011)	必试：抗压强度 其他：抗折强度、密度、空心率、吸水率、干燥收缩、软化系数、抗冻	(1) 每1万块为一验收批，不足1万块也按一批计； (2) 每批从尺寸偏差和外观质量检验合格的砌块中，随机抽取抗压强度试验试样一组 (5块)
蒸压加气混凝土砌块 (GB 11968—2006)	必试：立方体抗压强度、干体积密度 其他：干燥收缩、抗冻性、导热性	(1) 同品种、同规格、同等级的砌块，以1万块为一验收批，不足1万块也按一批计； (2) 从尺寸偏差和外观质量检验合格的砌块中，随机抽取砌块，制作3组试件进行立方体抗压强度试验，制作3组试件进行干体积密度试验

71. 如何进行砌墙砖的抗折强度、抗压强度试验？

答：（1）主要仪器设备

压力机：300~500kN；锯砖机或切砖机；直尺；镘刀等。

（2）抗折强度测试

1）试样数量及处理：烧结砖和蒸压灰砂砖为 5 块，其他砖为 10 块。蒸压灰砂砖应放在温度为（20±5）℃的水中浸泡 24h 后取出，用湿布抹去其表面水分，进行抗折强度试验。粉煤灰砖和炉渣砖在养护结束后 24~36h 内进行试验，烧结砖不需浸水及其他处理，直接进行试验。

2）按尺寸测量的规定，测量试样的宽度和高度尺寸各 2 个，分别取其算术平均值（精确至 1mm）。

3）调整抗折夹具下支辊的跨距为砖规格长度减去 40mm。但规格长度为 190mm 的砖样其跨距为 160mm。

4）将试样大面平放在下支辊上，试样两端面与下支辊的距离应相同。当试样有裂纹或凹陷时，应使有裂纹或凹陷的大面朝下放置，以 50~150N/s 的速度均匀加荷，直至试样断裂，记录最大破坏荷载 P。

5）结果计算与评定：每块多孔砖试样的抗折荷重以最大破坏荷载乘以换算系数计算（精确到 0.1kN）。其他品种每块砖样的抗折强度 f_c 按下式计算，精确至 0.1MPa：

$$f_c = \frac{3PL}{2bh^2} \tag{2-32}$$

式中　f_c——砖样试块的抗折强度，MPa；

　　　P——最大破坏荷载，N；

　　　L——跨距，mm；

　　　b——试样高度，mm；

　　　h——试样宽度，mm。

测试结果以试样抗折强度的算术平均值和单块最小值表示（精确至 0.1MPa）。

107

（3）抗压强度测试

1）试样数量及试件制备

① 试样数量：烧结普通砖、烧结多孔砖和蒸压灰砂砖为 5块，其他砖为 10 块（空心砖大面和条面抗压各 5 块）。非烧结砖也可用抗折强度测试后的试样作为抗压强度试样。

② 烧结普通砖、非烧结砖的试件制备：将试样切断或锯成两个半截砖，断开后的半截砖长不得小于 100mm，如图 2-20 所示。在试样制备平台上将已断开的半截砖放入室温的净水中浸 10~20min 后取出，并使断口以相反方向叠放，两者中间抹以厚度不超过 5mm 的水泥净浆粘结，上下两面用厚度不超过 3mm 的同种水泥浆抹平。水泥浆用 32.5 级或 42.5 级普通硅酸盐水泥调制，稠度要适宜。制成的试件上、下两面须相互平行，并垂直于侧面，如图 2-21 所示。

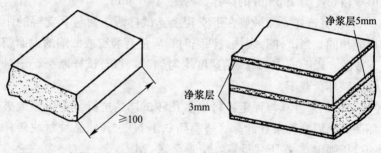

图 2-20　半截砖尺寸要求　　　　图 2-21　砖抗压试件

③ 多孔砖、空心砖的试件制备：多孔砖以单块整砖沿竖孔方向加压。空心砖以单块整砖沿大面和条面方向分别加压。试件制作采用坐浆法操作。即用玻璃板置于试件制备平台上，其上铺一张湿的垫纸，纸上铺一层厚度不超过 5mm 的，用 32.5 级或 42.5 级普通硅酸盐水泥制成的稠度适宜的水泥净浆，再将经水中浸泡 10~20min 的试样平稳地将受压面坐放在水泥浆上，在另一受压面上稍加压力，使整个水泥层与砖的受压面相互粘结，砖的侧面应垂直于玻璃板。待水泥浆适当凝固后，连同玻璃板翻

放在另一铺纸放浆的玻璃板上，再进行坐浆，其间用水平尺校正玻璃板的水平。

2）试件养护

制成的抹面试件应置于温度不低于 10℃的不通风室内养护 3d，再进行强度测试。非烧结砖不需要养护，可直接进行测试。

3）施力测定

测量每个试件连接面或受压面的长、宽尺寸各 2 个，分别取其平均值（精确至 1mm）。将试件平放在加压板的中央，垂直于受压面加荷，加荷过程应均匀平稳，不得发生冲击或振动，加荷速度以 4～6kN/s 为宜。直至试件破坏为止，记录最大破坏荷载 P。

4）数据处理

每块试样的抗压强度按下式计算（精确至 0.1MPa）：

$$f_i = \frac{P}{Lb} \tag{2-33}$$

式中　f_i——单块试件的抗压强度，MPa；

　　　P——最大破坏荷载，N；

　　　L——试件受压面（连接面）的长度，mm；

　　　b——试件受压面（连接面）的宽度，mm。

5）结果评定

强度变异系数 δ 按下式计算：

$$\delta = \frac{S}{\bar{f}} \tag{2-34}$$

标准差 S 按下式计算：

$$S = \sqrt{\frac{1}{9} \sum_{i=1}^{n} (f_i - \bar{f})^2} \tag{2-35}$$

式中　δ——砖强度变异系数；

　　　S——10 块试样的抗压强度标准差，MPa；

　　　$\bar{f}$——10 块试样的抗压强度平均值，MPa；

　　　f_i——单块试样抗压强度测定值，MPa。

当变异系数 $\delta \leqslant 0.21$ 时，按抗压强度平均值 $\bar{f}$、强度标准值

f_k 指标评定砖的强度等级。样本量 $n=10$ 时的强度标准值按下式计算：

$$f_k = \bar{f} - 1.8S \qquad (2-36)$$

式中　f_k——强度标准值，MPa。

当变异系数 $\delta > 0.21$ 时，按抗压强度平均值 $\bar{f}$、单块最小抗压强度值 $f_{\min}$ 指标评定砖的强度等级。

72. 如何进行蒸压加气混凝土砌块干密度、含水率和吸水率试验？

答：（1）仪器设备

电热鼓风干燥箱：最高温度 200℃；托盘天平或磅秤：称量 2000g，感量 1g；钢板直尺：300mm，分度值 0.5mm；恒温水槽：温度控制在 15～25℃范围内。

（2）试样制备

采用机锯或刀锯，锯时不得将试件弄湿。试件应沿制品发气方向中心部分上、中、下顺序锯取一组，"上"块上表面距离制品顶面 30mm，"中"块在制品正中处，"下"块下表面离制品底面 30mm。试件必须逐块加以编号，并标明锯取部位和发气方向；试件表面必须平整，不得有裂缝或明显缺陷，尺寸允许偏差为±2mm；试件尺寸为边长 100mm 的立方体，共两组 6 块。

（3）试验步骤

1）干密度和含水率：取试件一组 3 块，逐块量取长、宽、高三个方向的轴线尺寸，精确至 1mm，计算试件的体积；并称取试件的质量 m，精确至 1g。将试件放入电热鼓风干燥箱内，在（60±5）℃下保温 24h，然后在（80±5）℃下保温 24h，再在（105±5）℃下烘干至恒质（m_0）。恒质是指在烘干过程中间隔 4h，前后两次质量差不超过试件质量的 0.5%。

2）吸水率：取另一组 3 块试件放入电热鼓风干燥箱内，在（60±5）℃下保温 24h，然后在（80±5）℃下保温 24h，再在（100±5）℃下烘干至恒质（m_0）。

试件冷却至室温后，放入水温为（20±5）℃的恒温水槽内，然后加水至试件高度的 1/3，保持 24h，再加水至试件高度的 2/3，经 24h 后，加水高出试件 30mm 以上，保持 24h。

将试件从水中取出，用湿布抹去表面水分，立即称取每块质量 m_g，精确至 1g。

（4）结果评定

1）干密度 ρ_0 按下式计算（kg/m³，精确至 1kg/m³）：

$$\rho_0 = \frac{m_0}{V} \times 10^6 \qquad (2\text{-}37)$$

式中　ρ_0——试件的干密度，kg/m³；

m_0——试件烘干后的质量，g；

V——试件体积，mm³。

2）含水率 w'_m 按下式计算（精确至 0.1%）：

$$w'_m = \frac{m - m_0}{m_0} \times 100\% \qquad (2\text{-}38)$$

式中　w'_m——含水率；

m_0——试件烘干后的质量，g；

m——试件烘干前的质量，g。

3）吸水率 w_m 按下式计算（精确至 0.1%）：

$$w_m = \frac{m_g - m_0}{m_0} \times 100\% \qquad (2\text{-}39)$$

式中　w_m——吸水率；

m_0——试件烘干后的质量，g；

m_g——试件吸水后的质量，g。

结果按 3 块试件试验的算术平均值进行评定，干密度的计算精确至 1kg/m³，含水率和吸水率的计算精确至 0.1%。

73. 如何进行蒸压加气混凝土砌块抗压强度试验？

答：（1）主要仪器设备

材料试验机：精度不应低于±2%，其量程的选择应能使试件的预期最大破坏荷载处在全量程的 20%～80%范围内；托盘天平或磅秤：称量 2000g，感量 1g；电热鼓风干燥箱：最高温度 200℃；钢板直尺：规格为 300mm，分度值为 0.5mm。

（2）试件

抗压强度检验采用边长为 100mm 的立方体试件，一组 3 块。试件的制备方法同干密度试验。试件承压面的不平度应为每 100mm 不大于 0.1mm，承压面与相邻面的不垂直度不大于±1°。抗压强度试件在含水率 8%～12%下进行试验。如果含水率超过上述规定范围，则在（60±5）℃下烘至所要求的含水率。

（3）试验步骤

1）检查试件外观；

2）测量试件的尺寸，精确至 1mm，并计算试件的受压面积（A_1）；

3）将试件放在材料试验机的下压板的中心位置，试件的受压方向应垂直于制品的发气方向；

4）开动试验机，当上压板与试件接近时，调整球座，使接触均衡；

5）以（2.0±0.5）kN/s 的速度连续而均匀地加载，直至试件破坏，记录破坏荷载（p_1）；

6）将检验后的试件全部或部分立即称量质量，然后在（105±5）℃下烘至恒量，计算其含水率。

（4）结果计算

抗压强度按下式计算：

$$f_{cc} = \frac{p_1}{A_1} \tag{2-40}$$

式中　f_{cc}——试件的抗压强度，MPa；

　　　p_1——破坏荷载，N；

　　　A_1——试件受压面积，mm^2。

（5）结果评定

抗压强度的试验结果，按 3 块试件试验值的算术平均值进行评定，精确至 0.1MPa。

74. 与外墙饰面砖、天然石材、人造板材相关的现行标准、规范有哪些？

答：（1）《外墙饰面砖工程施工及验收规程》（JGJ 126—2000）

（2）《建筑工程饰面砖粘结强度检验标准》（JGJ 110—2008）

（3）《建筑装饰装修工程质量验收规范》（GB 50210—2001）

（4）《陶瓷砖》（GB/T 4100—2006）

（5）《陶瓷砖试验方法　第1部分：抽样和接收条件》（GB/T 3810.1—2006）

（6）《陶瓷砖试验方法　第3部分：吸水率、显气孔率、表观相对密度和容重的测定》（GB/T 3810.3—2006）

（7）《陶瓷砖试验方法　第12部分：抗冻性的测定》（GB/T 3810.12—2006）

（8）《天然大理石建筑板材》（GB/T 19766—2005）

（9）《天然花岗石建筑板材》（GB/T 18601—2009）

（10）《天然板石》（GB/T 18600—2009）

（11）《住宅装饰装修工程施工规范》（GB 50327—2001）

（12）《民用建筑工程室内环境污染控制规范》（GB 50325—2010）

（13）《建筑装饰装修工程质量验收规范》（GB 50210—2001）

（14）《天然饰面石材试验方法　第1部分：干燥、水饱和、冻融循环后压缩强度试验方法》（GB/T 9966.1—2001）

（15）《天然饰面石材试验方法　第2部分：干燥、水饱和和弯曲强度试验方法》（GB/T 9966.2—2001）

（16）《建筑材料放射性核素限量》（GB 6566—2010）

（17）《室内装饰装修材料　人造板及其制品中甲醛释放量限量》（GB 18580—2001）

(18)《人造板及饰面人造板理化性能试验方法》(GB/T 17657—1999)

(19)《室内空气质量标准》(GB/T 18883—2002)

75. 外墙饰面砖的必试项目有哪些？试验对样品有何要求？

答：(1) 必试项目

吸水率、抗冻性。

(2) 外墙饰面砖吸水率试验对样品的要求

1) 每种类型取 10 块整砖进行测试。

2) 每块砖的表面积大于 0.04m² 时，只需用 5 块整砖进行测试。如每块砖的质量小于 50g，则需足够数量的砖，以使每个试样质量达到 50~100g。

3) 砖的边长大于 200mm 且小于 400mm 时，可切割成小块，但切下的每块应计入测量值内，多边形和其他非矩形，其长和宽均按外接矩形计算。

4) 砖的边长大于 400mm 时，至少在 3 块整砖的中间部位切取最小边长为 100mm 的 5 块试样。

(3) 外墙饰面砖抗冻性试验对样品的要求

1) 使用不少于 10 块砖，并且其最小面积为 0.25m²，对于大规格的砖，为了能装入冷冻机，可进行切割，切割试样应尽可能的大。

2) 外墙饰面砖应没有裂纹、釉裂、针孔、磕碰等缺陷。

3) 如果必须用有缺陷的砖进行检验，在试验前应用永久性的染色剂对缺陷做好记号，试验后检查这些缺陷。

76. 如何进行外墙饰面砖的吸水率试验？

答：将砖放在 (110±5)℃ 的烘箱中干燥至恒重，即每隔 24h 的两次连续质量之差小于 0.1%，砖放在有胶或其他干燥剂的干燥器内冷却至室温，不能使用酸性干燥剂，每块砖按表 2-44 的测量精度称量和记录。

外墙饰面砖的质量和测量精度（g）　表 2-44

砖的质量	测量精度	砖的质量	测量精度
50≤m≤100	0.02	1000＜m≤3000	0.50
100＜m≤500	0.05	m＞3000	1.00
500＜m≤1000	0.25		

按水饱和的方式不同分为两种方法：煮沸法和真空法。煮沸法适用于陶瓷砖分类和产品说明，真空法适用于显气孔率、表观相对密度和除分类以外吸水率的测定。

（1）煮沸法

将砖竖直地放在盛有去离子水的加热器中，使砖互不接触。砖的上部和下部应保持有 5cm 深度的水。在整个试验中都应保持高于砖 5cm 的水面。将水加热至沸腾并保持煮沸 2h。然后切断电源，使砖完全浸泡在水中冷却至室温，并保持 4±0.25h。也可用常温下的水或制冷器将样品冷却至室温。将一块浸湿过的麂皮用手拧干，并将麂皮放在平台上轻轻地依次擦干每块砖的表面，对于凹凸或有浮雕的表面应用麂皮轻快地擦去表面的水，然后称重，记录每块试样结果。保持与干燥状态下的相同精度（表2-44）。

（2）真空法

将砖竖直放入真空容器中，使砖互不接触，加入足够的水将砖覆盖并高出 5cm。抽真空至（10±1)kPa，并保持 30min 后停止真空，让砖浸泡 15min 后取出。将一块浸湿过的麂皮用手拧干，并将麂皮放在平台上轻轻地依次擦干每块砖的表面，对于凹凸或有浮雕的表面应用麂皮轻快地擦去表面的水，然后称重，记录每块试样结果。保持与干燥状态下的相同精度（表 2-44）。

按下式计算每一块砖的吸水率 $E_{(b,v)}$：

$$E_{(b,v)} = \frac{m_{2(b,v)} - m_1}{m_1} \times 100 \qquad (2-41)$$

式中　$E_{(b,v)}$——吸水率，%；

m_1——干砖的质量，g；

m_{2b}——砖在沸水中吸水饱和的质量，g；

m_{2v}——砖在真空下吸水饱和的质量，g；

E_b——用 m_{2b} 测定的吸水率，代表水仅注入容易进入的气孔；

E_v——用 m_{2v} 测定的吸水率，代表水最大可能地注入所有的气孔。

77. 如何进行外墙饰面砖的抗冻性试验？

答：（1）试样制备

砖在 110±5℃ 的干燥箱内烘干至恒重，即每隔 24h 的两次连续称量之差小于 0.1%。记录每块干砖的质量（m_1）。

（2）浸水饱和

1）砖冷却至环境温度后，将砖垂直地放在抽真空装置内，使砖与砖、砖与装置内壁互不接触。抽真空装置压力为（40±2.6）kPa。在该压力下将水引入装有砖的真空装置中淹没，并至少高出 50mm。在相同压力下至少保持 15min，然后恢复到大气压力。

2）用手把浸湿过的麂皮拧干，然后将麂皮放在一个平台上。依次将每块砖的各个面擦干，称量并记录每块湿砖的质量（m_2）。

3）计算初始吸水率 E_1：

$$E_1 = \frac{m_2 - m_1}{m_1} \times 100 \qquad (2\text{-}42)$$

式中　E_1——初始吸水率，%；

m_1——每块干砖的质量，g；

m_2——每块湿砖的质量，g。

（3）试验步骤

1）在试验时选择一块最厚的砖，该砖应视为对试样具有代表性。

2）在砖一边的中心钻一个直径为 3mm 的孔，该孔距边最

116

大的距离为 40mm，在孔中插一支热电偶，并用一小片隔热材料（例如，多孔聚苯乙烯）将该孔密封。如果用这种方法不能钻孔，可把一支热电偶放在一块砖的一个面的中心，用另一块砖附在这个面上。将冷冻机内欲测的砖垂直地放在支撑架上，用这一方法使得空气通过每块砖之间的空隙流过所有表面。把装有热电偶的砖放在试样中间，热电偶的温度定为试验时所有砖的温度，只有在用相同试样重复试验的情况下这点可省略。此外，应偶尔用砖中的热电偶作核对。每次测量温度应精确到±0.5℃。

3）以不超过 20℃/h 的速率使砖的温度降到－5℃以下。砖在该温度下保持 15min。砖浸没于水中或喷水直到温度达到 5℃以上。砖在该温度下保持 15min。

4）重复上述循环至少 100 次。如果将砖保持浸没在 5℃以上的水中，则此循环可中断。称量试验后的砖质量（m_3），再将其烘干至恒重，称量试验后砖的干质量（m_4）。

（4）计算最终吸水率 E_2：

$$E_2 = \frac{m_3 - m_4}{m_4} \times 100 \qquad (2\text{-}43)$$

式中　E_2——最终吸水率，%；

　　　m_3——试验后每块湿砖的质量，g；

　　　m_4——试验后每块干砖的质量，g。

（5）结果判定

100 次循环后，在距离 25～30cm 处、大约 300lx 的光照条件下，用肉眼检查砖的釉面、正面和边缘。对通常戴眼镜者，可以戴眼镜检查。在试验早期，如果有理由确信砖已遭到损坏，可在试验中间阶段检查并及时做好记录。记录所有观察到砖的釉面、正面和边缘损坏的情况。

78. 天然石材的必试项目是什么？如何取样？

答：室内用天然石材必须做放射性元素含量检测；室外用天然石材必须做弯曲强度和冻融循环试验，见表 2-45。

天然石材必试项目及取样规定　　　　表 2-45

材料名称		必试项目	组批原则及取样规定
建筑板材	天然花岗石	室内用： 放射性元素 室外用： (1) 弯曲强度 (2) 耐冻融性	(1) 使用面积大于 200m² 时应对不同产品、不同批次材料分别进行放射性指标复验。 (2) 在外观质量、尺寸偏差检验合格的板材中抽取 2%，数量不足 10 块的抽取 10 块。 (3) 室内放射性检测取样不少于 3kg
	天然大理石		(1) 以同一产地、同一品种、等级、规格的板材每 100m² 为一验收批，不足 100m² 的单一工程部位的板材也按一批计。 (2)、(3) 同上
天然板石	饰面板		(1) 相同材料工艺和施工条件的室外饰面板（砖）工程每 500～1000m² 应划分为一个检验批，不足 5000m² 也应划分为一个检验批。 (2)、(3) 同上

79. 什么是放射性比活度？如何检测天然石材的放射性核素比活度？

答：某种核素的放射性比活度是指物质中的某种核素放射性活度除以该物质的质量而得的商，其表达式如下：

$$C = \frac{A}{m} \tag{2-44}$$

式中　C——放射性比活度，Bq/kg；

　　　A——核素放射性活度，Bq；

　　　m——物质的质量，kg。

天然石材放射性核素比活度检测方法如下：

(1) 将检验样品破碎，磨细至粒径不大于 0.16mm。将其放入与标准样品几何形态一致的样品盒中，称重（精确至 1g）、密封、待测；

（2）当检验样品中天然放射性衰变链基本达到平衡后，在与标准测量条件相同情况下，采用低本底多道 γ 能谱仪对其进行镭-226、钍-232 和钾-40 比活度测量。

根据放射性比活度检验结果计算内照射指数（I_{Ra}）和外照射指数（I_γ），判定其类别。

80. 人造板材的必试项目是什么？试验方法有哪些？试验结果如何判断？

答：民用建筑工程室内用人造木板及饰面人造木板，必须测定游离甲醛含量或游离甲醛释放量。

当民用建筑工程室内装修中采用的某一种人造木板或饰面人造木板面积大于 $500m^2$ 时，应对不同产品、不同批次材料的游离甲醛含量或游离甲醛释放量分别进行复验。

人造板材游离甲醛含量或游离甲醛释放量的试验方法和限量值见表 2-46。

在 3 份样品中，任取一份样品按规定检测游离甲醛含量或释放量，如测定结果达到限量要求，则判定为合格。如测定结果不符合限量要求，则对另外 2 份样品再行测定。如 2 份样品均达到限量要求，则判定为合格；如 2 份样品中只有一份样品达到限量要求或 2 份样品均不符合限量要求，则判定为不合格。

人造板材游离甲醛含量或游离甲醛释放量的试验方法和限量值　表 2-46

产品名称	试验方法	限量值	类别	使用范围
中密度纤维板、高密度纤维板、刨花板等	穿孔萃取法	$\leqslant 9$（mg/100g，干材料）	E_1	可直接用于室内
		$\leqslant 30$（mg/100g，干材料）	E_2	必须饰面处理后可允许用于室内
胶合板、装饰单板贴面胶合板、细木工板	干燥器法	$\leqslant 1.5mg/L$	E_1	可直接用于室内
		$\leqslant 5.0mg/L$	E_2	必须饰面处理后可允许用于室内

产品名称	试验方法	限量值	类别	使用范围
饰面人造板（包括浸渍纸层压木质地板、实木复合地板、竹地板、浸渍胶膜纸饰面人造板等）	环境测试舱法	≤0.12mg/m²	E_1	可直接用于室内
	干燥器法	≤1.5mg/L		

注：仲裁时采用环境测试舱法。

 81. 与保温隔热材料有关的现行标准、规范有哪些？

答：（1）《绝热用模塑聚苯乙烯泡沫塑料》（GB/T 10801.1—2002）

（2）《绝热用挤塑聚苯乙烯泡沫塑料》（GB/T 10801.2—2002）

（3）《喷涂聚氨酯硬泡体保温材料》（JC/T 998—2006）

（4）《喷涂硬质聚氨酯泡沫塑料》（GB/T 20219—2006）

（5）《膨胀聚苯板薄抹灰外墙外保温系统》（JG 149—2003）

（6）《胶粉聚苯颗粒外墙外保温系统》（JG 158—2004）

（7）《硬质泡沫塑料 尺寸稳定性试验方法》（GB/T 8811—2008）

（8）《硬质泡沫塑料压缩性能的测定》（GB/T 8813—2008）

（9）《泡沫塑料及橡胶 表观密度的测定》（GB/T 6343—2009）

（10）《建筑节能工程施工质量验收规范》（GB 50411—2007）

82. 常用保温材料必试项目有哪些？组批规则和取样方法有何规定？

答：常用保温材料必试项目、组批规则和取样方法见表2-47。

常用保温材料必试项目、组批规则和取样方法　**表 2-47**

材料名称（标准代号）	必试项目	组批原则	取样方法
绝热用模塑聚苯乙烯泡沫塑料（GB/T 10801.1—2002）	表观密度压缩强度导热系数燃烧性能	（1）用于墙体时，同一厂家、同一品种的商品，当单位工程建筑面积在 20000m² 以下时，各抽查不少于 3 次，当单位工程建筑面积在 20000m² 以上时各抽查不少于 6 次。	在外观检验合格的一批产品中随机抽取
绝热用挤塑聚苯乙烯泡沫塑料（GB/T 10801.2—2002）	压缩强度导热系数燃烧性能		同上
胶粉聚苯颗粒（JC 158—2004）	干表观密度抗压强度导热系数	（2）用于屋面及地面时，同一厂家同一品种的产品，各抽查不少于 3 组。（3）胶粉聚苯颗粒除在进场时进行复验外，还应在施工中制作同条件养护试件：1）采用相同材料、工艺和施工做法的墙面，每 500～1000mm² 面积划分为一个检验批，不足 500m² 也为一个检验批；2）每个检验批抽查不少于 3 组	胶粉料从每批中任抽 10 袋，从每袋中分取试样不少于 500g，混合均匀，按四分法，缩取出比试验所需量大 1.5 倍的试样为检验样；聚苯颗粒取 10 倍胶粉料的体积的量
喷涂聚氨酯硬泡体保温材料（JC/T 998—2006）	密度抗压强度导热系数		在喷涂施工现场，用相同的施工工艺条件单独制成泡沫体或直接从现场挖取试样

第三章　建筑施工试验

第一节　钢　筋　接　头

1. 与钢筋接头（连接）有关的现行标准、规范有哪些?

答：（1）《钢筋焊接接头试验方法》（JGJ/T 27—2001）

（2）《钢筋焊接及验收规程》（JGJ 18—2012）

（3）《复合钢板　焊接接头力学性能试验方法》（GB/T 16957—2012）

（4）《钢筋焊接网混凝土结构技术规程》（JGJ 114—2003）

（5）《钢筋机械连接技术规程》（JGJ 107—2010）

（6）《镦粗直螺纹钢筋接头》（JG 171—2005）

（7）《金属材料　拉伸试验　第 1 部分：室温试验方法》（GB/T 228.1—2010）

2. 钢筋机械连接检验的组批原则、取样方法有哪些?

答：（1）工艺检验

钢筋连接工程开始前及施工工程中，应对每批进场钢筋进行接头工艺检验，工艺检验应符合下列要求：

1）每种规格钢筋的接头试件不应少于 3 根。

2）钢筋母材抗拉强度试件不应少于 3 根，且应取自接头试件的同一根钢筋。

3）3 根接头试件的抗拉强度均应符合表 3-3 的规定，对于 I 级接头，试件抗拉强度尚应大于或等于钢筋抗拉强度实测值的 0.95 倍；对于 II 级接头，应大于 0.90 倍。

（2）现场检验

1）接头的现场检验按验收批进行。同一施工条件下采用同一批材料的同等级、同形式、同规格接头，以 500 个为一验收批进行检验与验收。不足 500 个也作为一个验收批。

2）对接头的每一验收批，必须在工程结构中随机截取 3 个接头试件做抗拉强度试验，按设计要求的接头等级进行评定。

3）现场检验连续 10 个验收批抽样试件抗拉强度试验 1 次合格率为 100% 时，验收批接头数量可扩大 1 倍。

3. 钢筋机械连接接头的试样尺寸如何确定？

答：（1）镦粗直螺纹的接头试件尺寸如图 3-1 所示，其应符合表 3-1 的要求。

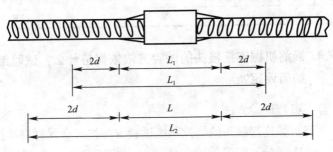

图 3-1　镦粗直螺纹钢的接头试件尺寸

镦粗直螺纹钢的接头试件尺寸及变形量测标距　表 3-1

符　号	含　义	尺寸（mm）
L	机械的套筒长度加两端镦粗钢筋过渡段的测定	实测
L_1	接头试件残余变形的量测标距	$L+4d$
L_2	接头试件极限应变的量测标距	$L+8d$
d	钢筋直径	公称直径

2）其他机械连接接头的试件尺寸如图 3-2 所示，并应符合表 3-2 的要求。

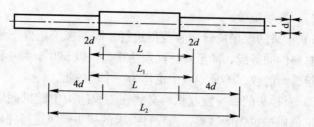

图 3-2 其他机械连接接头的试件尺寸

形式检验接头试件尺寸　　　　表 3-2

符　号	含　义	尺寸（mm）
L	机械接头长度（接头连接件两端钢筋横截面变化区段的长度）	实测
L_1	非弹性变形、线性变形测量标距	$L+4d$
L_2	总伸长率测量标距	$L+8d$
d	钢筋公称直径	公称直径

4. 钢筋机械连接接头的试验方法依据是什么？试验结果如何评定？

答：（1）试验方法

钢筋机械连接接头的抗拉强度试验方法按《金属材料　拉伸试验　第1部分：室温试验方法》（GB/T 228.1—2010）执行，钢筋的横截面面积按公称面积计算。

（2）试验的数量和合格条件

对于钢筋接头的每一验收批，必须在工程结构中随机截取 3 个接头试件做抗拉强度试验，按设计要求的接头等级进行评定。

当 3 个接头试件的抗拉强度均符合规程中相应等级的要求（表 3-3）时，该验收批评为合格。如有 1 个试件的强度不符合要求，应再取 6 个试件进行复检。复检中如仍有 1 个试件的强度不符合要求，则该验收批评为不合格。

注：破坏形态有钢筋拉断、接头连接件破坏、钢筋从连接件中拨出等几种。

对Ⅱ级和Ⅲ级接头无论试件属哪种破坏形态，只要试件抗拉强度满足该级接头的强度要求即为合格。对Ⅰ级接头，当试件断于钢筋母材时，即满足条件 $f_{mst}^0 \geqslant f_{st}$ 时，试件合格；当试件断于接头长度区段时，则应满足 $f_{mst}^0 \geqslant 1.10 f_{uk}$，才能判为合格。

接头的抗拉强度要求　　　　　　　　表3-3

接头等级	Ⅰ级	Ⅱ级	Ⅲ级
抗拉强度	$f_{mst}^0 \geqslant f_{st}$ 或 $\geqslant 1.10 f_{uk}$	$f_{mst}^0 \geqslant f_{uk}$	$f_{mst}^0 \geqslant 1.35 f_{yk}$

5. 钢筋焊接必试项目、组批原则和取样方法有何规定？

答：钢筋焊接必试项目、组批原则和取样方法见表3-4。

钢筋焊接必试项目、组批原则和取样方法　　　表3-4

材料名称	必试项目	组批原则及取样规定
钢筋电阻点焊	拉伸试验（抗拉强度） 剪切试验（抗剪力）	①凡钢筋牌号、直径及尺寸相同的焊接骨架和焊接网应视为同一类型制品，且每300件为一验收批，一周内不足300件的也按一批计； ②外观检查应按同一类制品分批检查，每批抽查5%且不得少于5件； ③力学性能检验的试件应从成品中切取，切取过试件的制品，应补焊同牌号、同直径的钢筋，其每边的搭接长度不应小于2个孔格的长度；当焊接骨架所切取的试件的尺寸小于规定的试件尺寸，或受力钢筋大于8mm时，可在生产过程中制作模拟焊接试验网片，从中切取试件； ④由几种直径钢筋组合的焊接骨架或焊接网，应对每种组合的焊点做力学性能检验； ⑤热轧钢筋焊点，应作抗剪试验，试件数量3件；冷轧带肋钢筋焊点除作剪切试验外，尚应对纵向和横行冷轧带肋钢筋做拉伸试验，试件应各为1件。剪切试件纵筋长度应≥290mm，横筋长度应≥50mm；拉伸试件纵筋长度应≥300mm； ⑥焊接网剪切试件应沿同一横向钢筋随机切取； ⑦切取剪切试件时，应使制品中的纵向钢筋成为试件的受拉钢筋

材料名称	必试项目	组批原则及取样规定
钢筋闪光对焊接头	拉伸试验（抗拉强度） 弯曲试验	① 同一台班内由同一焊工完成的 300 个同牌号、同直径钢筋焊接接头应作为一批。当同一台班内焊接的接头数量较少，可在一周内累计计算；累计仍不足 300 个接头时，应按一批计； ② 力学性能检验时，应从每批接头中随机切取 6 个接头，其中 3 个做拉伸试验，3 个做弯曲试验； ③ 焊接等长的预应力钢筋（包括螺丝杆与钢筋）时，可按生产时同等条件作模拟试件； ④ 螺丝端杆接头可只做拉伸试验； ⑤ 封闭环式箍筋闪光对焊接头，以 600 个同牌号、同规格的接头作为一批，只作拉伸试验
钢筋电弧焊接头	拉伸试验（抗拉强度）	① 在现浇混凝土结构中，应以 300 个同牌号钢筋、同形式接头作为一批；在房屋结构中，应在不超过二楼层中 300 个同牌号钢筋、同形式接头作为一批。每批随机切取 3 个接头，做拉伸试验； ② 在装配式结构中，可按生产条件作模拟试件，每批 3 个试件，做拉伸试验； ③ 钢筋与钢板电弧搭接接头可只进行外观检查。 注：在同一批中，若有几种不同直径的钢筋焊接接头，应在最大直径钢筋接头中切取 3 个试件
钢筋电渣压力焊接头	拉伸试验（抗拉强度）	在现浇钢筋混凝土结构中，应以 300 个同牌号钢筋接头作为一批；在房屋结构中，应在不超过二楼层中 300 个同牌号钢筋接头作为一批；当不足 300 个接头时，仍应作为一批。 注：在同一批中若有几种不同直径的钢筋焊接接头，应在最大直径钢筋接头中切取 3 个试件
钢筋气压焊接头	拉伸试验（抗拉强度） 弯曲试验（梁、板的水平筋连接）	① 在现浇钢筋混凝土结构中，应以 300 个同牌号钢筋接头作为一批；在房屋结构中，应在不超过二楼层中 300 个同牌号钢筋接头作为一批；当不足 300 个接头时，仍应作为一批； ② 在柱、墙的竖向钢筋连接时，应从每批接头中随机切取 3 个接头做拉伸试验（抗拉强度）；在梁、板的水平钢筋连接中，应另取 3 个接头做弯曲试验。 注：在同一批中，若有几种不同直径的钢筋焊接接头，应在最大直径钢筋接头中切取 3 个试件
预埋件钢筋 T 形接头	拉伸强度（抗拉强度）	当进行力学性能检验时，应以 300 件同类型预埋件作为一批。一周内连续焊接时，可累计计算。当不足 300 件时，亦应按一批计算。应从每批预埋件中切取 3 个接头做拉伸试验（抗拉强度），试件的钢筋长度应大于或等于 200mm，钢板的长度和宽度应大于或等于 60mm

126

6. 钢筋焊接工艺试验（工艺检验）的目的是什么？

答：了解钢筋焊接性能、选择最佳焊接参数、掌握焊工技术水平。

在工程开工正式焊接之前，参与该项施焊的焊工应进行现场条件下的焊接工艺试验，并经试验合格后，方可正式生产。试验结果应符合质量检验与验收时的要求（《钢筋焊接及验收规程》JGJ 18—2012）。

无论采用何种焊接工艺，每种牌号、每种规格钢筋至少做 1 组试件。若第 1 次未通过，应改进工艺，调整参数，直至合格为止，并应做好记录。

工艺试验接头试件的性能试验（拉伸、弯曲、剪切等）结果应符合质量检验与验收时的要求。

7. 钢筋焊接接头的试样尺寸如何确定？

答：（1）钢筋电阻点焊、闪光对焊、电弧焊、电渣压力焊、气压焊、预埋件电弧焊、预埋件埋弧压力焊钢筋 T 形接头的拉伸试件尺寸见表 3-5。

钢筋焊接接头拉伸试样尺寸　　　　　　　　　表 3-5

焊接方法	接头形式	试样尺寸（mm）	
		l_s	$L\geqslant$
电阻点焊		—	300 l_s+2l_j
闪光对焊		$8d$	l_s+2l_j

焊接方法	接头形式	试样尺寸（mm）	
		l_s	$L\geqslant$
电弧焊 双面帮条焊		$8d+l_h$	l_s+2l_j
单面帮条焊		$8d+l_h$	l_s+2l_j
双面搭接焊		$8d+l_h$	l_s+2l_j
单面搭接焊		$5d+l_h$	l_s+2l_j
熔槽帮条焊		$8d+l_h$	l_s+2l_j

128

焊接方法	接头形式	试样尺寸（mm）	
		l_s	$L \geqslant$
电弧焊 坡口焊		$8d$	$l_s + 2l_j$
窄间隙焊		$8d$	$l_s + 2l_j$
电渣压力焊		$8d$	$l_s + 2l_j$
气压焊		$8d$	$l_s + 2l_j$

焊接方法		接头形式	试样尺寸（mm）	
			l_s	$L\geqslant$
电弧焊	预埋件电弧焊		—	200
	预埋件埋弧压力焊			

注：l_s—受试长度；l_h—焊缝（或镦粗）长度；l_j—夹持长度，100～200mm；
L—试样长度；d—钢筋直径。

（2）弯曲试件尺寸

① 试样长度宜为两支辊内侧距离另加 150mm，具体尺寸可按表 3-6 选用。

钢筋焊接接头弯曲试验参数　　　　表 3-6

钢筋公称直径（mm）	钢筋级别	弯心直径（mm）	支辊内侧距（mm）（$D+2.5d$）	试样长度（mm）
12	HPB300	24	54	200
	HRB335	48	78	230
	HRB、RRB400	60	90	240
	HRB500	84	114	260
14	HPB300	28	63	210
	HRB335	56	91	240
	HRB、RRB400	70	105	250
	HRB500	98	133	280

钢筋公称直径 （mm）	钢筋级别	弯心直径 （mm）	支辊内侧距（mm） （$D+2.5d$）	试样长度 （mm）
16	HPB300	32	72	220
	HRB335	64	104	250
	HRB、RRB400	80	120	270
	HRB500	112	152	300
18	HPB300	36	81	230
	HRB335	72	117	270
	HRB、RRB400	90	135	280
	HRB500	126	171	320
20	HPB300	40	90	240
	HRB335	80	130	280
	HRB、RRB400	100	150	300
	HRB500	140	190	340
22	HPB300	44	99	250
	HRB335	88	143	290
	HRB、RRB400	110	165	310
	HRB500	154	209	360

② 应将试样受压面的金属毛刺和镦粗变形部分去除至与母材外表齐平。

（3）抗剪试样尺寸

抗剪试样形式和尺寸应符合图 3-3、图 3-4 的规定。

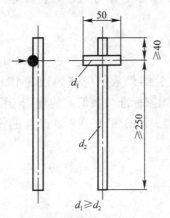

图 3-3 钢筋焊接骨架试样

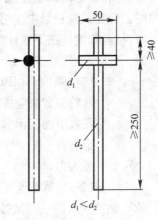

图 3-4 钢筋焊接网试样

8. 钢筋焊接接头的试验方法有哪些?

答：（1）焊接接头的拉伸试验

1）根据钢筋的级别和直径，应选用适配的拉力试验机或万能试验机。试验机性能应符合现行国家标准《金属材料　拉伸试验　第1部分：室温试验方法》（GB/T 228.1—2010）中的相关规定。

2）夹紧装置应根据试样规格选用，在拉伸过程中不得与钢筋产生相对滑移。

3）在使用预埋件T形接头拉伸试验吊架时，应将拉杆夹紧于试验机的上钳口内，试样的钢筋应穿过垫板放入吊架的槽孔中心，钢筋下端应夹紧于试验机的下钳口内。

4）试验前应采用游标卡尺复核钢筋的直径和钢板厚度。

5）用静拉伸力对试样轴向拉伸时应连续而平稳，加载速率宜为10～30MPa/s，将试样拉至断裂（或出现缩颈），可从测力盘上读取最大力或从拉伸曲线图上确定试验过程中的最大力。

6）试验中，当试验设备发生故障或操作不当而影响试验数据时，试验结果应视为无效。

7）当在试样断口上发现气孔、夹渣、未焊透、烧伤等焊接缺陷时，应在试验记录中注明。

8）抗拉强度应按下式计算：

$$\sigma_b = F_b/S_a \tag{3-1}$$

式中　σ_b——抗拉强度，MPa。试验结果数值应修约到5MPa，修约的方法应按现行国家标准《数值修约规则与极限数值的表示和判定》（GB/T 8170—2008）的规定进行；

F_b——最大力，N；

S_a——试样公称截面面积，mm^2。

（2）钢筋接头的抗剪试验

1）剪切试验宜采用量程不大于300kN的万能试验机。

2）剪切夹具可分为悬挂式夹具和吊架式锥形夹具两种，试验时，应根据试样尺寸和设备条件选用合适的夹具。

3）夹具应安装于万能试验机的上钳口内，并应夹紧。试样横筋应夹紧于夹具的横槽内，不得转动。纵筋应通过纵槽夹紧于万能试验机的下钳口内，纵筋受拉的力应与试验机的加载轴线相重合。

4）加载应连续而平稳，加载速率宜为 10～30MPa/s，直至试件破坏为止。从测力度盘上读取最大力，即为该试样的抗剪载荷。

5）试验中，当试验设备发生故障或操作不当而影响试验数据时，试验结果应视为无效。

（3）钢筋接头的弯曲试验

1）试验的长度宜为两支辊内侧距离另加 150mm，具体尺寸可按表 3-7 选用。

2）应将试样受压面的金属毛刺和镦粗变形部分去除至与母材外表齐平。

3）弯曲试验可在压力机或万能试验机上进行。

4）进行弯曲试验时，试样应放在两支点上，并应使焊缝中心与压头中心线一致，应缓慢地对试样施加弯曲力，直至达到规定的弯曲角度或出现裂纹、破断为止。

5）压头弯心直径和弯曲角度应按表 3-7 的规定确定。

压头弯心直径和弯曲角度　　　　　表 3-7

钢筋级别	弯心直径（D）		弯曲角
	$d \leqslant 25$mm	$d > 25$mm	
HPB300	$2d$	$3d$	
HRB335	$4d$	$5d$	90°
HRB400、RRB400	$5d$	$6d$	
HRB500	$7d$	$8d$	

注：d 为钢筋直径。

6）在试验过程中，应采取安全措施，防止试样突然断裂伤人。

9. 钢筋焊接接头试验结果如何评定？

答：（1）钢筋焊接骨架和焊接网

1）钢筋焊接骨架、焊接网焊点剪切试验结果，3 个试件抗剪力平均值应符合下式要求：

$$F \geqslant 0.3 A_0 \sigma_s \tag{3-2}$$

式中　F——抗剪力，N；

　　A_0——纵向钢筋的横截面面积，mm^2；

　　σ_s——纵向钢筋规定的屈服强度，N/mm^2；

注：冷轧带肋钢筋的屈服强度按 440N/mm^2 计算。

2）冷轧带肋钢筋试件拉伸试验结果，其抗拉强度不得小于 550N/mm^2。

3）当拉伸试验结果不合格时，应再切取双倍数量试件进行复验；复验结果均合格时，应评定该批焊接制品焊点拉伸试验合格。

当剪切试验结果不合格时，应从该批制品中再切取 6 个试件进行复验；当全部试件平均值达到要求时，应评定该批焊接制品焊点剪切试验合格。

（2）钢筋闪光对焊接头、电弧焊接头、电渣压力焊接头及气压焊接头拉伸试验结果

试验结果均应符合下列要求：

1）3 个热轧钢筋接头试件的抗拉强度均不得小于该牌号钢筋规定的抗拉强度，RRB400 钢筋接头试件的抗拉强度均不得小于 570N/mm^2。

2）至少应有两个试件断于焊缝之外，并应呈延性断裂。

当达到上述两项要求时，应评定该批接头为抗拉强度合格。

当试验结果有两个试件抗拉强度小于钢筋规定抗拉强度，或 3 个试件均在焊缝或热影响区发生脆性断裂时，则一次判定该批接头为不合格品。

当试验结果有 1 个试件抗拉强度小于规定值，或两个试件在

焊缝或热影响区发生脆性断裂，其抗拉强度均小于钢筋规定抗拉强度的 1.10 倍时，应进行复验。复验时，应再切取 6 个试件。复验结果，当仍有 1 个试件的抗拉强度小于规定值，或有 3 个试件断于焊缝或热影响区，呈脆性断裂，其抗拉强度小于钢筋规定抗拉强度的 1.10 倍时，应判定该批接头为不合格品。

注：当接头试件虽断于焊缝或热影响区，呈脆性断裂，但其抗拉强度大于或等于钢筋规定抗拉强度的 1.10 倍时，可按断于焊缝或热影响区之外。呈延性断裂同等对待。

3）闪光对焊接头、气压焊接头弯曲试验。当试验结果，弯至 90°，有 2 个或 3 个试件外侧（含焊缝和热影响区）未发生破裂，应评定该批接头弯曲试验合格。

当 3 个试件均发生破裂，则一次判定该批接头为不合格品。

当有 2 个试件发生破裂，应进行复验。复验时，应再切取 6 个试件。当有 3 个试件发生破裂时，则判定该批接头为不合格品。

注：当试件外侧横向裂纹宽度大于 0.5mm 时，应认定已经破裂。

（3）预埋件钢筋 T 形接头拉伸试验结果

3 个试件的抗拉强度均应符合下列要求：

1）HRB335 钢筋接头不得小于 470N/mm²；

2）HRB400 钢筋接头不得小于 550N/mm²。

当试验结果，3 个试件中有小于规定值时，应进行复验。复验时，应再取 6 个试件。复验结果，其抗拉强度均达到上述要求时，应评定该批接头为合格品。

第二节　混凝土性能

10. 与混凝土试验有关的现行标准、规范、规程有哪些？

答：（1）《混凝土结构工程施工质量验收规范》（GB 50204—2002）（2010 版）

（2）《预拌混凝土》（GB/T 14902—2012）

（3）《混凝土强度检验评定标准》（GB/T 50107—2010）

（4）《普通混凝土拌合物性能试验方法标准》（GB/T 50080—2002）

（5）《普通混凝土力学性能试验方法标准》（GB/T 50081—2002）

（6）《普通混凝土长期性能和耐久性试验方法》（GB 50082—2009）

（7）《地下防水工程质量验收规范》（GB 50208—2011）

11. 混凝土试块的留置有何规定？

答：（1）用于检查结构构件混凝土强度的试件留置规定

1）每拌制 100 盘且不超过 100m³ 的同配合比混凝土，取样不应少于一次。

2）每一工作班拌制的同一配合比的混凝土，不足 100 盘和 100m³ 时，取样不应少于一次。

3）当一次连续浇筑的同配合比混凝土超过 1000m³ 时，每 200m³ 取样不应少于一次。

4）对房屋建筑，每一楼层、同一配合比的混凝土，取样不应少于一次。

5）每次取样应至少留置一组标准养护试件，同条件养护试件的留置数应根据实际需要确定。

（2）冬期施工时掺用外加剂的混凝土试件的留置规定

1）冬期施工时掺用外加剂的混凝土，应在浇筑地点制作一定数量的混凝土试件进行强度试验。其中一组试件应在标准条件下养护，其余放置在工程同条件下养护。在达到受冻临界强度时，拆摸前、拆除支撑前及与工程同条件养护 28d、再标准养护 28d 均应进行施压。

2）冬期施工时掺用外加剂的混凝土的取样频率（或称取样批次），与"普通混凝土试块留置的规定"相同。

（3）用于结构实体检验的同条件养护试件留置规定

1）对混凝土结构工程中的各混凝土强度等级，均应留置同条件养护试件。

2）同一强度等级的同条件养护试件，其留置的数量应根据混凝土工程质量和重要性确定，不宜少于 10 组，且不应少于 3 组。

（4）抗渗混凝土的试件留置规定

1）对有抗渗要求的混凝土结构，其混凝土试件应在浇筑地点随机取样。连续浇筑抗渗混凝土每 500m³ 应留置一组抗渗试件，且每项工程不得少于两组。采用预拌混凝土的抗渗试件，留置组数应视结构的规模和要求而定。混凝土的抗渗性能，应采用标准条件下养护混凝土抗渗试件的试验结果评定。

2）冬期施工检验掺用防冻剂的混凝土抗渗性能，应增加留置与工程同条件养护 28d，再标准养护 28d 后进行抗渗试验的试件。

12. 普通混凝土的取样方法有何规定？必试项目有哪些？

答：（1）取样方法

1）现场拌制混凝土

① 用于检查结构构件混凝土强度的试件，应在混凝土浇筑地点随机取样制作。

② 每组试件应从同一盘拌合物或同一车运送的混凝土中取出。

③ 混凝土拌合物的取样应具有代表性，宜采用多次采样的方法。一般在同一盘混凝土或同一车混凝土中的约 1/4 处、1/2 处和 3/4 处之间分别取样。

④ 从第一次取样到最后一次取样不宜超过 15min，然后人工搅拌均匀，取样量应满足混凝土强度检验项目所需用量的 1.5 倍，且宜不少于 20L。

2）预拌混凝土

① 用于出场检验的混凝土试样应在搅拌地点采取，用于交货检验的混凝土试样应在交货地点采取。

② 交货检验混凝土试样的采取及坍落度试验应在混凝土运到交货地点时开始算起 20min 内完成，试件的制作应在 40min 内完成。

③ 混凝土试样应在卸料过程中卸料量的 1/4 至 3/4 之间采取，取样量应满足混凝土强度检验项目所需用量的 1.5 倍，且宜不少于 20L。

（2）必试项目

1）稠度试验；

2）抗压强度试验。

13. 冬期施工时掺用外加剂（防冻剂）混凝土的受冻临界强度是如何规定的？

答：（1）当混凝土温度降到（防冻剂）的规定温度时，混凝土强度必须达到受冻临界强度。

（2）当最低气温不低于−10℃时，混凝土抗压强度不得小于 3.5MPa。

（3）当最低气温不低于−15℃时，混凝土抗压强度不得小于 4.0MPa。

（4）当最低气温不低于−20℃时，混凝土抗压强度不得小于 5.0MPa。

14. 如何测定混凝土拌合物的稠度？

答：（1）坍落度和坍落扩展度法

当骨料最大粒径不大于 40mm、坍落度值不小于 10mm 时，混凝土的稠度试验采用测定混凝土拌合物坍落度和坍落扩展度的方法。测试时需拌合物料 15L。

1）仪器设备

坍落度筒，测量标尺，捣棒，装料漏斗，小铁铲，钢直尺，抹刀等。

2）试验步骤

① 用湿布润湿坍落度筒及其他用具，并把坍落度筒放在不

138

吸水的刚性水平底板上，然后用脚踩住两边的脚踏板，使坍落度筒在装料时保持位置固定；

② 按要求将拌好的混凝土拌合物试样用小铲分 3 层均匀地装入筒内，使捣实后每层试样高度为筒高的 1/3 左右，每层用捣棒插捣 25 次。插捣时应沿螺旋方向由外围向中心进行，各次插捣应在截面上均匀分布。插捣筒边的混凝土试样时，捣棒可以稍稍倾斜；插捣底层时，捣棒应贯穿整个深度；插捣第二层和顶层时，捣棒应插透本层至下一层的表面。浇灌顶层时，应将混凝土拌合物灌至高出筒口。插捣过程中，如混凝土沉落到低于筒口，则应随时添加。顶层插捣完毕后，刮去多余的混凝土拌合物并用抹刀抹平；

③ 清除筒边底板上的混凝土后，在 5～10s 内垂直平稳地提起坍落度筒。从开始装料到提起坍落度筒的整个过程应不间断地进行，并应在 150s 内完成；

④ 提起坍落度筒后，立即量测筒高与坍落后混凝土拌合物试体最高点之间的高差，即为该混凝土拌合物的坍落度值（以 mm 为单位）；

⑤ 坍落度筒提离后，如试体发生崩坍或一边剪坏现象，则应重新取样进行测定。如第二次仍出现这种现象，则表示该拌合物和易性不好，应予记录备查；

⑥ 观察坍落后的混凝土试体的黏聚性及保水性。黏聚性的检查方法是用捣棒在已坍落的混凝土锥体侧面轻轻敲打，此时如果锥体逐渐下沉，则表示黏聚性良好，如果锥体倒塌、部分崩裂或出现离析现象，则表示黏聚性不好。保水性以混凝土拌合物稀浆析出的程度来评定，坍落度筒提起后如有较多的稀浆从底部析出，锥体部分的混凝土也因失浆而骨料外露，则表明此混凝土拌合物的保水性能不好，如坍落度筒提起后无稀浆或仅有少量稀浆自底部析出，即表示此混凝土拌合物保水性良好；

⑦ 坍落扩展度：当混凝土拌合物的坍落度大于 220mm 时，用钢尺测试混凝土扩展后最终的最大直径和最小直径，在这两个

直径之差小于 50mm 的条件下，用其算术平均值作为坍落扩展度值；否则，此次试验无效。

如果发现粗骨料在中央集堆或边缘有水泥浆析出，表示此混凝土拌合物抗离析性不好，应予记录；

⑧ 混凝土拌合物坍落度和坍落扩展度值以毫米（mm）为单位，测量精确至 1mm，结果表达修约至 5mm。

（2）维勃稠度法

适用于骨料最大粒径不大于 40mm，维勃稠度在 5～30s 之间的混凝土拌合物和易性测定。测定时需配制拌合物约 15L。

1）仪器设备

维勃稠度仪（见图 3-5），其他用具与坍落度测试法相同。

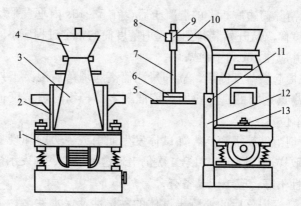

图 3-5　维勃稠度仪

1—振动台；2—容器；3—坍落度筒；4—喂料斗；5—透明圆盘；6—荷重；7—测杆；
8—测杆螺钉；9—套筒；10—旋转架；11—定位螺栓；12—支柱；13—固定螺栓

2）试验步骤

① 将维勃稠度仪放置在坚实水平的地面上，用湿布把容器、坍落度筒、喂料斗内壁及其他用具润湿；

② 将喂料斗提到坍落度筒上方扣紧，校正容器位置，使其中心与喂料斗中心重合，然后拧紧固定螺钉；

③ 把拌好的拌合物用小铲分三层经喂料斗均匀地装入坍落

度筒内，装料及插捣的方法与坍落度测试时相同；

④ 把喂料斗转离，垂直地提起坍落度筒，此时应注意不使混凝土试体产生横向的扭动；

⑤ 把透明圆盘转到混凝土圆台体顶面，放松测杆螺钉，降下圆盘，使其轻轻地接触到混凝土顶面，拧紧定位螺栓并检查测杆螺钉是否已完全放松；

⑥ 在开启振动台的同时用秒表计时，当振动到透明圆盘的底部被水泥布满的瞬间停止计时，并关闭振动台电动机开关。由秒表读出的时间（s）即为该混凝土拌合物的维勃稠度值，读数精确至1s；

⑦ 若维勃稠度值小于5s或大于30s，则此种混凝土拌合物所具有的稠度已超出维勃稠度法的适用范围。

15. 如何进行混凝土的抗压强度试验？

答：混凝土抗压强度试验以3个试件为一组。标准尺寸的试件为边长150mm的立方体试件。当采用非标准尺寸试件时，应将其抗压强度折算为标准试件抗压强度。混凝土试件成型尺寸（应根据混凝土骨料粒径选取）及强度的尺寸换算系数应按表3-8取用。

不同骨料最大粒径选用的试件尺寸、插捣次数及尺寸换算系数　　表3-8

试件尺寸（mm）	骨料最大粒径（mm）	每层插捣次数	尺寸换算系数
100×100×100	≤31.5	12	0.95
150×150×150	≤40	25	1
200×200×200	≤63	50	1.05

（1）仪器设备

压力试验机：测量精度不低于±1％，试验时由试件最大荷载选择压力机量程，使试件破坏时的荷载位于压力机全量程的20％～80％范围内。混凝土强度等级≥C60时，试件周围应设放崩裂网罩；振动台：频率（50±3）Hz，空载振幅约为0.5mm；搅拌机；试模；捣棒；橡皮锤；抹刀等。

（2）试件制作

1）以3个试件为一组，每组试件所用的拌合物应从同一盘混凝土或同一车混凝土中取样；

2）成型前，应将试模擦拭干净并在其内表面涂以一薄层矿物油或其他不与混凝土发生反应的脱模剂；

3）坍落度不大于70mm的混凝土用振动台振实。将拌合物一次装入试模，并稍有富余，然后将试模放在振动台上，用固定装置予以固定。开动振动台至拌合物表面呈现出水泥浆状态时为止，刮去多余的拌合物并随即用镘刀将表面抹平；

4）坍落度大于70mm的混凝土试样，装入试模后采用人工捣实方法。将混凝土拌合物分两层装入试模，每层厚度大致相等。插捣时按螺旋方向从边缘向中心均匀进行。插捣底层时，捣棒应达到试模底面；插捣上层时，捣棒应穿入下层深度约20～30mm。插捣时捣棒应保持垂直，不得倾斜，并用抹刀沿试模内壁插入数次，以防止试件产生麻面。每层插捣次数按每100cm²面积上不得少于12次，插捣后应用橡皮锤轻轻敲击试模四周，直至插捣棒留下的空洞消失为止。然后刮去多余的混凝土拌合物，将试模表面用镘刀抹平。

（3）试件的养护

1）试件成型后应立即用不透水的薄膜覆盖表面。

2）采用标准养护的试件，应在温度为（20±5）℃的条件下静置1～2昼夜，然后编号、拆模。拆模后的试件应立即放入温度为（20±2）℃，湿度为95％以上的标准养护室中养护，或在温度为（20±2）℃的不流动的Ca(OH)₂饱和溶液中养护。标准养护室内的试件应放在支架上，彼此间隔10～20mm，试件表面应保持潮湿，并不得被水直接冲淋。

3）同条件养护试件的拆模时间可与实际构件的拆模时间相同。拆模后，试件仍需保持同条件养护。

（4）混凝土立方体试块抗压强度试验步骤

1）试件自养护室取出后，随即擦干并量出其尺寸（精确至1mm），据此计算构件的受压面积 A（mm^2）。

2）将试件安放在下承压板上，试件的承压面应与试件成型时的顶面垂直；试件的中心应与试验机下承压板中心对准。开动试验机，当上压板与试件接近时，调整球座，使上、下压板与试件上、下表面实现均衡接触。

3）测试时应保持连续而均匀地加荷，加荷速度应为：混凝土强度等级≥C30 且＜C60 时，取每秒钟 0.5～0.8MPa（试件尺寸为 100mm 时，取每秒钟 5～8kN；试件尺寸为 200mm 时，取每秒钟 11.25～18kN）；混凝土强度等级低于 C30 时，取每秒钟 0.3～0.5MPa（试件尺寸为 100mm 时，取每秒钟 3～5kN；试件尺寸为 200mm 时，取每秒钟 6.75～11.25kN）。

4）当试件接近破坏而开始迅速变形时，停止调整试验机油门，直至试件破坏。记录破坏荷载 P（N）。

（5）试验结果计算及评定

1）混凝土试件的立方抗压强度可按下式计算：

$$f_{cc} = \frac{P}{A} \tag{3-3}$$

式中　　f_{cc}——混凝土立方体试块的抗压强度，MPa。精确至0.1MPa；

　　　　P——试件破坏荷载，N；

　　　　A——试件承压面积，mm^2。

2）混凝土的抗压强度是以边长 150mm 的立方体试件的抗压强度为标准，其他尺寸试件测定结果均应乘以表 3-8 中所规定的尺寸换算系数换算为标准强度。

3）以 3 个试件的抗压强度算术平均值作为该组混凝土试件的抗压强度值（精确至 0.1MPa）。如果 3 个测定值中的最小值或最大值有一个与中间值的差值超过中间值的 15％时，取中间值作为该组试件的强度代表值。如最大值和最小值与中间值之差

143

均超过中间值的15%时，则该组试件的试验结果无效。

16. 混凝土强度的合格性如何评定？

答：混凝土强度应分批进行检验评定。一个验收批的混凝土应由强度等级、龄期、生产工艺条件和配合比基本相同的混凝土组成。根据《混凝土强度检验评定标准》（GB 50107—2010）的规定，混凝土强度评定方法分为统计方法和非统计方法两种。

（1）统计方法评定

1）已知标准差的统计方法

当连续生产的混凝土，生产条件在较长时间内保持一致，且同一品种、同一强度等级混凝土的强度变异性保持稳定时，应由连续的3组试件组成一个检验批，其强度应同时满足下列要求：

$$m_{f_{cu}} \geqslant f_{cu,k} + 0.7\sigma_0 \tag{3-4}$$

$$f_{cu,min} \geqslant f_{cu,k} - 0.7\sigma_0 \tag{3-5}$$

检验批混凝土立方抗压强度的标准差应按下式计算：

$$\sigma_0 = \sqrt{\frac{\Sigma f_{cu,i}^2 - n m_{f_{cu}}^2}{n-1}} \tag{3-6}$$

当混凝土强度等级不高于C20时，其强度最小值尚应满足下式要求：

$$f_{cu,min} \geqslant 0.85 f_{cu,k} \tag{3-7}$$

当混凝土强度等级高于C20时，其强度最小值尚应满足下式要求：

$$f_{cu,min} \geqslant 0.90 f_{cu,k} \tag{3-8}$$

式中　$m_{f_{cu}}$——同一检验批混凝土立方体抗压强度的平均值，N/mm²，精确到0.1N/mm²；

$f_{cu,min}$——同一检验批混凝土立方体抗压强度的最小值，N/mm²，精确到0.1N/mm²；

$f_{cu,k}$——混凝土立方抗压强度标准值，N/mm²；

σ_0——检验批混凝土立方体抗压强度的标准差，N/mm²，精确到0.01N/mm²；当检验批混凝土

144

立方体抗压强度的标准差 σ_0 计算值小于 2.5N/ mm^2 时，应取 2.5N/mm^2；

$f_{cu,i}$——前一个检验期内同一品种、同一强度等级的第 i 组混凝土试件的立方体抗压强度代表值，N/mm^2，精确到 0.1N/mm^2；该检验期不应少于 60d，也不得大于 90d；

n——前一检验期内的样本容量，在该期间内样本容量不应少于 45 组。

2）未知标准差的统计方法

当样本容量不少于 10 组时，其强度应同时满足下列要求：

$$m_{fcu} \geqslant f_{cu,k} + \lambda_1 \cdot S_{fcu} \qquad (3-9)$$

$$f_{cu,min} \geqslant \lambda_2 \cdot f_{cu,k} \qquad (3-10)$$

同一检验批混凝土立方体抗压强度的标准差应按下式计算：

$$S_{fcu} \sqrt{\frac{\sum\limits_{i=1}^{n} f_{cu,i}^2 - nm_{fcu}^2}{n-1}} \qquad (3-11)$$

式中 S_{fcu}——同一检验批混凝土立方体抗压强度的标准差，N/mm^2，精确到 0.01N/mm^2；当 S_{fcu} 计算值小于 2.5N/mm^2 时，应取 2.5N/mm^2；

λ_1、λ_2——合格评定系数，按表 3-9 取用；

n——本检验期内的样本容量。

混凝土强度的合格性判定系数　　　表 3-9

试件组数	10～14	15～19	≥20
λ_1	1.15	1.05	0.95
λ_2	0.90	0.85	

（2）非统计方法评定

当用于评定的样本容量小于 10 组时，应采用非统计方法评定混凝土强度。

按非统计方法评定混凝土强度时，其强度应同时符合下列规定：

$$m_{fcu} \geqslant \lambda_3 \cdot f_{cu,k} \tag{3-12}$$

$$f_{cu,min} \geqslant \lambda_4 \cdot f_{cu,k} \tag{3-13}$$

式中 λ_3、λ_4——合格评定系数，按表 3-10 取用。

混凝土强度的非统计法合格评定系数　　　表 3-10

混凝土强度等级	<C60	≥C60
λ_3	1.15	1.10
λ_4	0.95	

（3）混凝土强度的合格性评定

当混凝土分批进行检验评定时，若检验结果能满足以上述规定要求，则该批混凝土强度应评定为合格；当不能满足上述规定时，该批混凝土强度应评定为不合格。

对于评定为不合格的混凝土结构或构件，应进行实体鉴定，经鉴定仍未达到设计要求的结构或构件必须及时处理。当对混凝土试件强度的代表性有怀疑时，可采用从结构或构件中钻取试件的方法或采用非破损（回弹法、超声法）检验方法，按有关标准的规定对结构或构件中混凝土的强度进行评定。

 17. 抗渗混凝土的必试项目有哪些？如何进行抗渗性能试验？

答：（1）必试项目

1）稠度；

2）抗压强度；

3）抗渗性能。

（2）抗渗性能试验方法

1）仪器设备

混凝土抗渗仪（图 3-6）：加水压力范围为（0.1～2.0）MPa；抗渗试模：上口内部直径为 175mm，下口内部直径为 185mm，高度为 150mm 的圆台体；烘箱；电炉；加热器及压力试验机等。

2）试件制作及养护

① 试件制作

抗渗试验采用顶面直径为 175mm，底面直径为 185mm，高度为 150mm 的圆台体试件，以 6 个试件为一组。试件制作时不应采用憎水性脱模剂。

② 试件养护

试件成型后 24h 拆模，用钢丝刷刷去两端面水泥浆膜，并立即送入标准养护室养护。试件一般养护至 28d 龄期进行试验，如有特殊要求可在其他龄期进行。

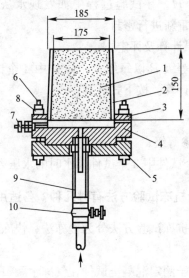

图 3-6　混凝土抗渗试验装置示意

1—试件；2—套模；3—上法兰；4—固定法兰；5—底板；6—固定螺栓；
7—排气阀；8—橡皮垫圈；9—分压水管；10—进水阀门

3）试验步骤

① 试件养护至试验前 1d 取出，将表面晾干，然后将试件侧面裹涂一层熔化的内加少量松香的石蜡。随即应用螺旋加压器将

试件压入经烘箱预热过的试模中（试模的预热温度，应以石蜡接触试模即缓慢熔化但不流淌为准），使试件与试模底平齐，并应在试模变冷后解除压力。

② 试件准备好之后，启动抗渗仪，并开通 6 个试位下的阀门，使水从 6 个孔中渗出，水应充满试位坑，在关闭 6 个试位下的阀门后应将密封好的试件安装在抗渗仪上，检查密封情况。混凝土抗渗试验装置示意图如图 3-6 所示。

③ 试验时，水压应从 0.1MPa 开始，以后每隔 8h 增加 0.1MPa 水压，并应随时观察试件端面渗水情况。

④ 当 6 个试件中有 3 个试件端面出现渗水时，即停止试验。记下此时的水压 H。在试验过程中如发现水从试件周边渗出，则应停止试验，重新进行密封。

4）试验结果计算及评定。

混凝土抗渗等级 P 以每组 6 个试件中 4 个试件未出现渗水时的最大水压力计算。按下式计算：

$$P = 10H - 1 \qquad (3-14)$$

式中　P——抗渗等级；

　　　H——6 个试件中 3 个试件渗水时的水压力，MPa。

18. 混凝土抗冻试验方法有哪几种？各适用于什么条件？

答：混凝土抗冻试验方法分为慢冻法、快冻法和单面冻融法三种。

慢冻法适用于测定混凝土试件在气冻水融条件下，以经受的冻融循环次数来表示的混凝土抗冻性能。

快冻法适用于测定混凝土试件在水冻水融条件下，以经受的快速冻融循环次数来表示的混凝土抗冻性能。

单面冻融法又称盐冻法，适用于测定混凝土试件在大气环境中且与盐接触的条件下，以能够经受的冻融循环次数或者表面剥落质量或超声波相对动弹模量来表示的混凝土抗冻性能。

19. 如何进行混凝土快冻法试验？

答：（1）试件

快冻法采用 100mm×100mm×400mm 棱柱体混凝土试件，每组 3 块。同时制作同样形状、尺寸，且中心埋有温度传感器的测温试件，测温试件采用防冻液作为冻融介质。成型试件时，不得采用憎水性脱模剂。

（2）主要仪器设备

快速冻融装置：应符合现行行业标准《混凝土快冻试验设备》（JG/T 243）的规定；温度传感器：应在−20～20℃范围内测定试件中心温度，且测量精度应为±0.5℃；试件盒：采用具有弹性的橡胶材料制作，长度为 500mm，其横截面如图 3-7 所示；共振法混凝土动弹性模量测定仪：输出频率可调范围为100～20000Hz，输出功率应能使试件产生受迫振动，动弹性模量测定仪各部件的连接和相对位置应符合图 3-8 所示；称量设备：最大量程 20kg，感量不超过 5g。

（3）试验步骤

1）在养护龄期为 24d 时提前将冻融试验的试件从养护地点

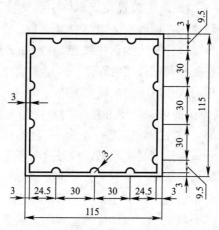

图 3-7　橡胶试件盒横截面示意图（mm）

149

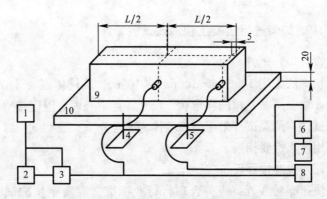

图 3-8　各部件连接和相对位置示意图

1—振荡器；2—频率计；3—放大器；4—激振换能器；5—接收换能器；
6—放大器；7—电表；8—示波器；9—试件；10—试件支承体

取出，然后放在（20±2）℃水中浸泡，浸泡时水面应高出试件顶面 20～30mm。

2）当试件养护龄期达到 28d 时及时取出试件，用湿布擦除表面水分后，编号，测定试件的初始质量 W_{0i}（精确至 0.01kg）和尺寸（精确至 1mm），试件各边长的公差不得超过 1mm。

3）测定试件横向基频的初始值。

① 将试件成型面向上放置在支承体中心位置，并将激振换能器的测杆轻轻地压在试件长边侧面中线的 1/2 处，接收换能器的测杆轻轻地压在试件长边侧面中线距端点 5mm 处。在测杆接触试件前，宜在测杆与试件接触面涂一薄层黄油或凡士林作为耦合介质，测杆压力大小以不出现噪声为准。

② 调整共振仪的激振功率和接收增益旋钮至适当位置，然后变换激振频率，并注意观察指示电表的指针偏转。当指针偏转为最大时，表示试件达到共振状态，应以这时所显示的共振频率作为试件的基频振动频率。每一测量应重复测读 2 次以上，当连续 2 次测值之差不超过 2 个测值的算术平均值的 5％时，应取这两个测值的算术平均值作为该试件的基频振动频率。

③ 当用示波器作显示的仪器时，示波器的图形调成一个正

圆时的频率应为共振频率。

4）将试件放入试件盒中心，然后将试件盒放入冻融箱内的试件架中，并向试验盒中注入清水。在整个试验过程中，盒内水位高度应始终保持至少高出试件顶面 5mm。

5）将测温试件盒放在冻融箱的中心位置。

6）开始冻融循环试验。冻融循环过程应符合下列规定：

① 每次冻融循环应在 2～4h 内完成，且用于融化的时间不得少于整个冻融循环时间的 1/4；

② 在冷冻和融化过程中，试件中心最低和最高温度应分别控制在（−18±2）℃和（5±2）℃内。在任意时刻，试件中心温度不得高于 7℃，且不得低于−20℃；

③ 每块试件从 3℃降至−16℃所用的时间不得少于冷冻时间的 1/2；每块试件从−16℃升至 3℃所用时间不得少于整个融化时间的 1/2，试件内外的温差不宜超过 28℃；

④ 冷冻和融化之间的转换时间不宜超过 10min。

7）每隔 25 次冻融循环宜测量试件的横向基频 f_{ni}。测量前先将试件表面浮渣清洗干净并擦干表面水分，然后检查其外部损伤并称量试件的质量 W_{ni}。

注意：当有试件停止试验被取出时，应另用其他试件填充空位。当试件在冷冻状态下因故中断时，试件应保持在冷冻状态，直至恢复冻融试验为止，并应将故障原因及暂停时间在试验结果中注明。试件在非冷冻状态下发生故障的时间不宜超过两个冻融循环时间。在整个试验过程中，超过两个冻融循环时间的中断次数不得超过两次。

8）当冻融循环出现下列情况之一时，停止试验：

① 达到规定的冻融循环次数；

② 试件的相对动弹性模量下降到 60%；

③ 试件的质量损失率达 5%。

（4）试验结果计算及处理

1）相对动弹性模量按下式计算：

$$P = \frac{1}{3}\sum_{i=1}^{3} P_i \qquad (3\text{-}15)$$

式中　P——经 N 次冻融循环后一组混凝土试件的相对动弹性模量，%。

2）单个试件的质量损失率按下式计算：

$$\Delta W_{ni} = \frac{W_{0i} - W_{ni}}{W_{0i}} \times 100 \qquad (3\text{-}16)$$

式中　ΔW_{ni}——N 次冻融循环后第 i 个混凝土试件的质量损失率（%），精确至 0.01；

　　　　W_{0i}——冻融循环试验前第 i 个混凝土试件的质量，g；

　　　　W_{ni}——N 次冻融循环后第 i 个混凝土试件的质量，g。

3）一组试件的平均质量损失率按下式计算：

$$\Delta W_n = \frac{\sum\limits_{i=1}^{3} \Delta W_{ni}}{3} \times 100 \qquad (3\text{-}17)$$

式中　ΔW_n——N 次冻融循环后一组混凝土试件的平均质量损失率（%），精确至 0.1。

4）每组试件的平均质量损失率应以 3 个试件的质量损失率试验结果的算术平均值作为测定值。当某个试验结果出现负值，应取 0，再取 3 个试件的平均值。当 3 个值中的最大值或最小值与中间值之差超过 1% 时，应剔除此值，并应取其余两值的算术平均值作为测定值；当最大值和最小值与中间值之差均超过 1% 时，应取中间值作为测定值。

5）混凝土抗冻等级以相对动弹性模量下降至不低于 60% 或者质量损失率不超过 5% 时的最大冻融循环次数来确定，并用符号 F 表示。

20. 混凝土抗氯离子渗透试验方法有哪几种？各适用于什么条件？

答：混凝土抗氯离子渗透试验有电通量法和快速氯离子迁移系数法（或称 RCM 法）两种。

电通量法适用于测定以通过混凝土试件的电通量为指标来确

152

定混凝土抗氯离子渗透性能。本方法不适用于掺有亚硝酸盐和钢纤维等良导电材料的混凝土抗氯离子渗透试验。

RCM法适用于以测定氯离子在混凝土中非稳态迁移的迁移系数来确定混凝土抗氯离子渗透性能。

21. 如何进行电通量法试验?

答:(1)试验装置、仪器和用具

1)电通量试验装置应符合图3-9的要求,并应满足现行行业标准《混凝土氯离子电通量测定仪》(JG/T 261)的有关规定。

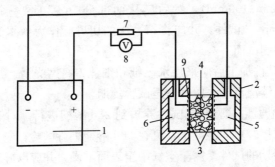

图3-9　电通量试验装置示意图

1—直流稳压电源;2—试验槽;3—铜电极;4—混凝土试件;

5—3.0%NaCl溶液;6—0.3mol/L NaOH溶液;7—标准电阻;

8—直流数字式电压表;9—试件垫圈(硫化橡胶垫或硅橡胶垫)

2)真空容器的内径不应小于250mm,并应能至少容纳3个试件。真空泵应能保持容器内的气压处于1~5kPa。

3)仪器设备和化学试剂应满足《普通混凝土长期性能和耐久性能试验方法标准》(GB/T 50082)的有关规定。

(2)试件的制作、养护

1)试件应采用直径为(100±1)mm,高度为(50±2)mm的圆柱体试件。

2)在试验室制作试件时,宜使用 ϕ100mm×100mm 或 ϕ100mm×200mm 试模。骨料最大公称粒径不宜大于25mm。试件成型后应立即用塑料薄膜覆盖并移至标准养护室。试件应在 (24±2)h 内拆模,然后应浸没于标准养护室的水池中。

3)试件的养护龄期宜为 28d,也可根据设计要求选用 56d 或 84d 养护龄期。

4)应在抗氯离子渗透试验前 7d 加工成标准尺寸的试件。当使用 φ100mm×100mm 试件时,应从试件中部切取高度为 (50±2)mm 的圆柱体作为试验用试件,并应将靠近浇筑面的试件端面作为暴露于氯离子溶液中的测试面。当使用 φ100mm×200mm 试件时,应先将试件从正中间切成相同尺寸的两部分 (如 φ100mm×100mm),然后应从两部分中各切取一个高度为 (50±2)mm 的试件,并应将第一次的切口面作为暴露于氯离子溶液中的测试面。

5)试件加工后应采用水砂纸和细锉刀打磨光滑。加工好的试件应继续浸没于水中养护至试验龄期。

6)电通量试验宜在试件养护到 28d 龄期进行。对于掺有大掺量矿物掺合料的混凝土,可在 56d 龄期进行试验。应先将养护到规定龄期的试件暴露于空气中至表面干燥,并应以硅胶或树脂密封材料涂刷试件圆柱侧面,还应填补涂层中的孔洞。

(3)试验步骤

1)电通量试验前应将试件进行真空饱水。应先将试件放入真空容器中,然后启动真空泵,并应在 5min 内将真空容器中的绝对压强减少至 1~5kPa,应保持该真空度 3h,然后在真空泵仍然运转的情况下,注入足够的蒸馏水或者去离子水,直至淹没试件。在试件浸没 1h 后恢复常压,并继续浸泡 (18±2)h。

2)真空饱水结束后,从水中取出试件,并抹掉多余水分,保持试件所处环境的相对湿度在 95% 以上。将试件安装于试验槽内,并用螺杆将两试验槽和端面装有硫化橡胶垫的试件夹紧。试件安装好以后,应采用蒸馏水或者其他有效方式检查试件和试验槽之间的密封性能。

3)将质量浓度为 3% 的 NaCl 溶液和摩尔浓度为 0.3mol/L

的 NaOH 溶液分别注入试件两侧的试验槽中。注入 NaCl 溶液的试验槽内的铜网应连接电源负极，注入 NaOH 溶液的试验槽中的铜网应连接电源正极。

4）在正确连接电源线后，应在保持试验槽中充满溶液的情况下接通电源，并应对上述两铜网施加（60±0.1）V 直流恒电压，且应记录电流初始读数 I_0。开始时应每隔 5mm 记录一次电流值，当电流值变化不大时，可每隔 10min 记录一次电流值；当电流变化很小时，应每隔 30min 记录一次电流值，直至通电 6h。

5）当采用自动采集数据的测试装置时，记录电流的时间间隔可设定为 5～10min。电流测量值应精确至 ±0.5mA。试验过程中宜同时监测试验槽中溶液的温度。

6）试验结束后，应及时排出试验溶液，并应用凉开水和洗涤剂冲洗试验槽 60s 以上，然后用蒸馏水洗净并用电吹风冷风档吹干。

（4）试验结果计算及处理

1）每个试件的总电通量可采用下列简化公式计算：

$$Q = 900(I_0 + 2I_{30} + \cdots + 2I_t \cdots + 2I_{300} + 2I_{330} + 2I_{360})$$

$$(3-18)$$

式中　Q——通过试件的总电通量，C；

　　　I_0——初始电流（A），精确到 0.001；

　　　I_t——在时间 t（min）的电流（A），精确到 0.001。

2）按下式将计算得到的通过试件的总电通量换算成直径为 95mm 试件的电通量值：

$$Q = Q_x \times (95/x)^2 \qquad (3-19)$$

式中　Q——通过直径为 95mm 的试件的电通量，C；

　　　Q_x——通过直径为 x（mm）的试件的电通量，C；

　　　x——试件的实际直径，mm。

3）每组应取 3 个试件电通量的算术平均值作为该组试件的电通量测定值。当某一个电通量值与中值的差值超过中值的

15%时，应取其余两个试件的电通量的算术平均值作为该组试件的试验结果测定值。当有两个测值与中值的差值都超过中值的15%时，应取中值作为该组试件的电通量试验结果测定值。

第三节　砌筑砂浆试验

22. 与砌筑砂浆试验有关的标准、规范有哪些？

答：（1）《砌体结构工程施工质量验收规范》（GB 50203—2011）

（2）《建筑砂浆基本性能试验方法》（JGJ/T 70—2009）

（3）《预拌砂浆应用技术规程》（JGJ/T 223—2009）

23. 砌筑砂浆的取样批量、方法及数量有何规定？

答：（1）每一检验批且不超过250m³砌体的各种类型及强度等级的砌筑砂浆，每台搅拌机应至少抽检一次。每次至少应制作一组试块。如砂浆等级或配合比变更时，还应制作试块。

（2）冬期施工砂浆试块的留置，除应按常温规定要求外，尚应增留不少于1组与砌体同条件养护的试块，测试检验28d强度。

（3）建筑砂浆试验用料应从同一盘砂浆或同一车砂浆中取样。取样量应不少于试验所需量的4倍。

（4）施工中取样进行砂浆试验时，其取样方法和原则按相应的施工验收规范执行。一般在使用地点的砂浆槽、砂浆运送车或搅拌机出料口，至少从3个不同部位取样。现场取来的试样，试验前应人工搅拌均匀。

（5）从取样完毕到开始进行各项性能试验不宜超过15min。

24. 砌筑砂浆的必试项目有哪些？如何进行试验？

答：（1）必试项目

1）稠度；

2）分层度；

3）抗压强度。

（2）稠度试验

1）仪器设备

砂浆稠度测定仪（见图 3-10）；
钢制捣棒：直径 10mm、长 350mm，
端部磨圆；台秤；秒表等。

2）试验步骤

① 用少量润滑油轻擦滑杆，再
将滑杆上多余的油用吸油纸擦净，
使滑杆能自由滑动；

② 用湿布擦净盛浆容器和试锥
表面，将砂浆拌合物一次装入容器，
使砂浆表面低于容器口约 10mm 左
右。用捣棒自容器中心向边缘均匀

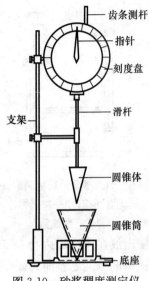

齿条测杆
指针
刻度盘
滑杆
支架
圆锥体
圆锥筒
底座

图 3-10　砂浆稠度测定仪

地插捣 25 次，然后轻轻地将容器摇动或敲击 5~6 下，使砂浆表
面平整，然后将容器置于稠度测定仪的底座上；

③ 拧松制动螺栓，向下移动滑杆，当试锥尖端与砂浆表面
刚接触时，拧紧制动螺栓，使齿条侧杆下端刚接触滑杆上端，读
出刻度盘上的读数（精确至 1mm）；

④ 拧松制动螺栓，同时计时间，10s 时立即拧紧螺栓，将齿
条测杆下端接触滑杆上端，从刻度盘上读出下沉深度（精确至
1mm），两次读数的差值即为砂浆的稠度值。

注意：盛样容器内的砂浆，只允许测定一次稠度，重复测定时，应重
新取样。

3）试验结果评定

① 取两次试验结果的算术平均值，精确至 1mm；

② 如两次试验值之差大于 10mm，应重新取样测定。

（3）分层度测试

1）仪器设备

分层度测定仪（即分层度筒，见图 3-11）；稠度仪；木锤等。

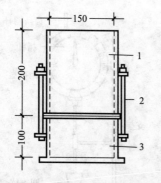

图 3-11　砂浆分层度测定仪
1—无底圆筒；2—连接螺栓；
3—有底圆筒

2）试验步骤

① 首先将砂浆拌合物按稠度试验方法测定稠度；

② 将砂浆拌合物一次装入分层度筒内，待装满后，用木锤在容器周围距离大致相等的 4 个不同部位轻轻敲击 1～2 下，如砂浆沉落到低于筒口，则应随时添加，然后刮去多余的砂浆并用抹刀抹平；

③ 静置 30min 后，去掉上层 200mm 砂浆，剩余的 100mm 砂浆倒出放在拌合锅内拌 2min，再按稠度试验方法测其稠度。前后测得的稠度之差即为该砂浆的分层度值（mm）。

注意：经稠度测定后的砂浆，重新拌合均匀后测定分层度。

3）试验结果评定

① 取两次试验结果的算术平均值作为该批砂浆的分层度值；

② 若两次分层度测试值之差大于 10mm，应重新取样测定。

（4）立方抗压强度测定

1）仪器设备

压力试验机：精度为 1%，试件破坏荷载应不小于压力机量程的 20%，且不大于全量程的 80%；试模：70.7mm×70.7mm×70.7mm 的带底试模；钢制捣棒：直径 10mm、长 350mm，端部磨圆；垫板等。

2）试件成型及养护

① 采用立方体试件，每组试件 3 个；

②用黄油等密封材料涂抹试模的外接缝，试模内涂刷薄层机油或脱模剂，将拌制好的砂浆一次性装满砂浆试模，成型方法根据稠度而定。当稠度≥50mm 时采用人工振捣成型，当稠度＜50mm 时采用振动台振实成型。

a. 人工振捣：用捣棒均匀地由边缘向中心按螺旋方式插捣

25 次，插捣过程中如砂浆沉落低于试模口，应随时添加砂浆，可用油灰刀插捣数次，并用手将试模一边抬高 5～10mm 各振动 5 次，使砂浆高出试模顶面 6～8mm。

b. 机械振动：将砂浆一次装满试模，放置到振动台上，振动时试模不得跳动，振动 5～10s 或持续到表面出浆为止；不得过振。

③ 待表面水分稍干后，将高出试模部分的砂浆沿试模顶面刮去并抹平。

④ 试件制作后应在室温为（20±5）℃的环境下静置（24±2）h，当气温较低时，可适当延长时间，但不应超过两昼夜，然后对试件进行编号、拆模。试件拆模后应立即放入温度为（20±2）℃，相对湿度为 90％以上的标准养护室中养护。养护期间，试件彼此间隔不小于 10mm，混合砂浆试件上面应覆盖以防有水滴在试件上。

3）抗压强度测定

① 试验前将试件表面擦拭干净，测量尺寸，并据此计算试件的承压面积，如实测尺寸与公称尺寸之差不超过 1mm，可按公称尺寸进行计算；

② 将试件安放在试验机的下压板（或下垫板）上，试件的承压面应与成型时的顶面垂直，试件中心应与试验机下压板（或下垫板）中心对准。开动试验机，当上压板与试件（或上垫板）接近时，调整球座，使接触面均衡受压。承压试验应连续而均匀地加荷，加荷速度应为每秒钟 0.25～1.5kN（砂浆强度不大于 5MPa 时，宜取下限；砂浆强度大于 5MPa 时，宜取上限），当试件接近破坏而开始迅速变形时，停止调整试验机油门，直至试件破坏，然后记录破坏荷载 N_u。

③试验结果计算及评定

砂浆立方抗压强度由下式计算（精确至 0.1MPa）：

$$f_{m,cu} = \frac{N_u}{A} \tag{3-20}$$

式中 $f_{m,cu}$——砂浆立方体抗压强度，MPa；

　　　N_u——立方体破坏荷载，N；

　　　A——试件承压面积，mm^2。

砂浆立方体试件抗压强度应精确至0.1MPa。

以3个试件测值的算术平均值的1.3倍（f_2）作为该组试件的砂浆立方体试件抗压强度平均值（精确至0.1MPa）。

当3个测值的最大值或最小值中如有一个与中间值的差值超过中间值的15%时，则把最大值及最小值一并舍除，取中间值作为该组试件的抗压强度值；如有两个测值与中间值的差值均超过中间值的15%时，则该组试件的试验结果无效。

第四节　回（压实）填土试验

25. 与回（压实）填土试验有关的现行标准、规范有哪些？

答：（1）《建筑地基基础设计规范》（GB 50007—2011）

（2）《建筑地基基础工程施工质量验收规范》（GB 50202—2002）

（3）《土工试验方法标准（2007版）》（GB/T 50123—1999）

（4）《建筑地基处理技术规范》（JGJ 79—2012）

26. 地基处理工程中回（压实）填土的取样有何规定？

答：在压实填土的过程中，垫层的施工质量检验必须分层进行。应在每层的压实系数符合设计要求后铺填上层土。

（1）对大基坑，每50～100m² 应不少于1个检验点。

（2）对基槽，每10～20m 应不少于1个检验点。

（3）每一独立柱基础不少于1个检验点。采用贯入仪或动力触探检验垫层的施工质量时，每分层检验点的检距应小于4m。

（4）竣工验收采用载荷试验检验垫层承载力时，每个单体工程不宜少于3点；对于大型工程则应按单体工程的数量或工程的面积确定检验点数。

（5）对灰土、砂和砂石、土工合成材料、粉煤灰等地基，应对地基强度或承载力进行检验，检验数量，每单位工程不应少于 3 点，1000m² 以上的工程每 100m² 至少有 1 点，3000m² 以上的工程，每 300m² 至少有 1 点。

注：当用环刀取样时，取样点应位于每层 2/3 的深度处。

27. 压实填土的概念及质量控制指标有哪些？

答：压实填土包括分层压实和分层夯实的填土。当利用压实填土作为建筑工程的地基持力层时，在平整场地前，应根据结构类型、填料性能和现场条件等，对拟压实的填土提出质量要求。

压实填土的质量以压实系数 λ_c 控制，并应根据结构类型和压实填土所在部位按表 3-11 确定。

压实填土的质量控制 表 3-11

结构类型	填土部位	压实系数（λ_c）	控制含水量（%）
砌体承重结构和框架结构	在地基主要受力层范围内	≥0.97	$\omega_{op} \pm 2$
	在地基主要受力层范围以下	≥0.95	
排架结构	在地基主要受力层范围内	≥0.96	
	在地基主要受力层范围以下	≥0.94	

注：1. 压实系数 λ_c 为压实填土的控制干密度 ρ_d 与最大干密度 ρ_{dmax} 的比值，ω_{op} 为最优含水率。
2. 地坪垫层以下及基础底面标高以上的，压实系数不应小于 0.94。

28. 压实填土的最大干密度和最优含水率如何确定？

答：压实填土的最大干密度和最优含水率，宜采用击实试验确定。

击实试验：用标准的容器、锤击和击实方法，测定土的含水量和密度变化曲线，求得最大干密度时的最优含水量，是控制填土质量的重要指标之一。

第四章 配合比设计

1. 混凝土配合比设计、砌筑砂浆配合比设计应执行什么规程？

答：(1)《普通混凝土配合比设计规程》（JGJ 55—2011）

(2)《砌筑砂浆配合比设计规程》（JGJ/T 98—2010）

2. 什么是混凝土配合比？

答：混凝土的配合比是指混凝土中水泥、粗细骨料和水等各组成材料用量之间的比例关系。常用的混凝土配合比表示方法有两种：一种是以 1m³ 混凝土中各项材料的质量来表示，如 1m³ 混凝土中水泥 300kg、水 186kg、砂 693kg，石子 1236kg；另一种是以水泥质量为 1，砂、石依次以相对质量比及水灰比表达，如上例可写成水泥∶砂子∶石子＝1∶2.31∶4.12，水灰比 0.62。

3. 什么是混凝土配合比设计？

答：混凝土配合比设计就是要确定 1m³ 混凝土中各组成材料的用量，使得按此用量拌制出的混凝土能够满足工程所需的各项性能要求。这是一个计算、试配、调整的复杂过程，大致可分为初步计算配合比、基准配合比、试验室配合比、施工配合比 4 个设计阶段，如图 4-1 所示。

图 4-1 混凝土配合比设计的过程

初步配合比主要是依据设计的基本条件，参照理论和大量试验提供的参数进行计算，得到基本满足强度和耐久性要求的配合比；基准配合比是在初步计算配合比的基础上，通过试配、检测，进行工作性的调整，对配合比进行修正；试验室配合比是通过对水灰比的微量调整，在满足设计强度的前提下，确定水泥用量最少的方案，从而进一步调整配合比；而施工配合比是考虑实际砂、石的含水量对配合比的影响，对配合比最后的修正，是实际应用的配合比。

配合比设计的过程是一个逐步满足混凝土的强度、工作性、耐久性、节约水泥等设计目标的过程。

4. 混凝土配合比设计应满足哪些基本要求？

答：（1）满足混凝土工程结构设计或工程进度的强度要求；

（2）满足混凝土工程施工的和易性要求；

（3）保证混凝土在自然环境及使用条件下的耐久性要求；

（4）在保证混凝土工程质量的前提下，尽可能节约水泥，降低混凝土成本。

5. 混凝土配合比设计有哪几个重要参数？

答：（1）水胶比

水胶比是指混凝土中用水量与胶凝材料（混凝土中水泥和活性矿物掺合料的总称）用量的质量比。在混凝土配合比设计中，当所用水泥强度等级确定后，水胶比就是决定混凝土强度的主要因素。

（2）用水量

用水量是指单位体积混凝土中水的用量。在混凝土配合比设计中，用水量决定了混凝土拌合物的流动性和混凝土的密实性等性能。

（3）砂率

砂率是指混凝土中砂的质量占砂、石总质量的百分率。砂率的变动会使骨料的空隙率和总表面积有显著改变，因而会对混凝土拌合物的和易性产生显著的影响。

6. 如何进行普通混凝土配合比设计？

答：（1）配合比设计的资料准备

在设计混凝土配合比之前，必须要通过调查研究，预先掌握下列基本资料：

1) 混凝土设计强度等级和强度的标准差；

2) 施工方面要求的混凝土拌合物和易性；

3) 工程所处环境对混凝土耐久性的要求；

4) 结构构件的截面尺寸及钢筋配置情况；

5) 混凝土原材料基本情况，包括：水泥的品种、强度等级、实际强度、密度；砂、石骨料的种类、级配、最大粒径、表观密度、含水率等；拌合用水的水质情况；是否掺外加剂，外加剂的品种、性能、掺量等。

（2）计算初步配合比

1) 确定配制强度 $f_{cu,0}$

① 当设计强度等级小于 C60 时，配制强度应按下式确定：

$$f_{cu,0} = f_{cu,k} + 1.645\sigma \tag{4-1}$$

式中　$f_{cu,0}$——混凝土的配制强度，MPa；

　　　$f_{cu,k}$——混凝土的设计强度等级，MPa；

　　　σ——混凝土强度标准差，MPa。σ 可根据施工单位以往的生产质量水平进行测算，如施工单位无历史统计资料时，可按表 4-1 选用。

σ 取值　　　　　　　　　　　　　　　　表 4-1

混凝土强度等级	≤C20	C25~C45	C50~C55
σ（MPa）	4.0	5.0	6.0

② 当设计强度等级不小于 C60 时，配制强度应按下式确定：

$$f_{cu,0} \geqslant 1.15 f_{cu,k} \tag{4-2}$$

2) 确定水胶比（W/B）

当混凝土强度等级小于 C60 时，混凝土水胶比按下式计算：

$$\frac{W}{B} = \frac{\alpha_a f_b}{f_{cu,0} + \alpha_a \alpha_b f_b}$$ (4-3)

式中　α_a、α_b——回归系数，与粗骨料品种等有关。当采用碎石时，可取 $\alpha_a = 0.53$，$\alpha_b = 0.20$；采用卵石时，取 $\alpha_a = 0.49$，$\alpha_b = 0.13$；

f_b——胶凝材料 28d 胶砂抗压强度，MPa。可实测；当无水泥 28d 抗压强度实测值时，可按 $f_b = \gamma_f \gamma_s f_{ce}$ 计算；

γ_f、γ_s——粉煤灰影响系数和粒化高炉矿渣影响系数，可按表 4-2 选用；

f_{ce}——水泥 28d 胶砂抗压强度，MPa。可实测，也可按 $f_{ce} = \gamma_c f_{ce,g}$ 计算；

$f_{ce,g}$——水泥强度等级值，MPa；

γ_c——为水泥强度等级值的富裕系数，可按实际统计资料确定；当缺乏实际统计资料时，γ_c 可取 32.5 级水泥 1.12，42.5 级水泥 1.16，52.5 级水泥 1.10。

粉煤灰影响系数（γ_f）和粒化高炉矿渣影响系数（γ_s）　表 4-2

种类 掺量（%）	粉煤灰影响系数 γ_f	粒化高炉矿渣粉影响系数 γ_s
0	1.00	1.00
10	0.85～0.95	1.00
20	0.75～0.85	0.95～1.00
30	0.65～0.75	0.90～1.00
40	0.55～0.65	0.80～0.90
50		0.70～0.85

注：1. 采用Ⅰ级、Ⅱ级粉煤灰宜取上限值；
　　2. 采用 S75 级粒化高炉矿渣粉宜取下限值，采用 S95 级粒化高炉矿渣粉宜取上限值，采用 S105 级粒化高炉矿渣可取上限值加 0.05；
　　3. 当超出表中的掺量时，粉煤灰和粒化高炉矿渣粉影响系数应经试验确定。

根据上式求得的水胶比同时还要满足为保证混凝土耐久性的最大水胶比相关规定。

3) 确定 1m³ 混凝土的用水量 (m_{w0})

① 混凝土水胶比在 0.40~0.80 范围时, 可按表 4-3 选取;

塑性混凝土用水量 (kg/m³)   表 4-3

所需坍落度 (mm)	卵石最大公称粒径 (mm)				碎石最大公称粒径 (mm)			
	10.0	20.0	31.5	40.0	16.0	20.0	31.5	40.0
10~30	190	170	160	150	200	185	175	165
35~50	200	180	170	160	210	195	185	175
55~70	210	190	180	170	220	205	195	185
75~90	215	195	185	175	230	215	205	195

注: 1. 本表不宜用于水灰比小于 0.4 或大于 0.8 的混凝土;
    2. 本表用水量系采用中砂时的平均值, 若用细 (粗) 砂, 每立方米混凝土用水量可增加 (减少) 5~10kg;
    3. 掺用矿物掺合料和外加剂时, 用水量应相应调整。

② 混凝土水胶比小于 0.40 时, 可通过试验确定;

③ 对于流动性 (拌合物坍落度) 为 100~150mm 的混凝土和大流动性混凝土 (拌合物坍落度不低于 160mm 的混凝土), 其用水量按下列步骤计算:

a. 以表 4-3 中坍落度为 90mm 的用水量为基础, 按坍落度每增大 20mm 用水量增加 5kg, 计算出未掺外加剂时混凝土的用水量;

b. 掺外加剂时的混凝土用水量可按下式计算:

$$m_{w0} = m'_{w0}(1-\beta) \tag{4-4}$$

式中 m_{w0}——掺外加剂混凝土每立方米混凝土中的用水量, kg;

      m'_{w0}——未掺外加剂时推定的满足实际坍落度要求的每立方米混凝土用水量, kg;

      β——外加剂的减水率 (%), 应经混凝土试验确定。

4）确定 $1m^3$ 混凝土的胶凝材料用量（m_{b0}）

$$m_{b0} = \frac{m_{w0}}{(W/B)} \qquad (4\text{-}5)$$

除配制 C15 及其以下强度等级的混凝土外，由式（4-5）计算得出的胶凝材料用量还应符合表 4-4 中胶凝材料用量的规定要求，否则应在表 4-4 规定的范围内取值。

混凝土的最小胶凝材料用量　　　　表 4-4

最大水胶比	最小用量（kg/m³）		
	素混凝土	钢筋混凝土	预应力混凝土
0.60	250	280	300
0.55	280	300	300
0.50	320		
≤0.45	330		

5）确定 $1m^3$ 混凝土的矿物掺合料用量（m_{f0}）

$$m_{f0} = m_{b0}\beta_f \qquad (4\text{-}6)$$

式中　　m_{f0}——计算配合比每立方混凝土中矿物掺合料用量（kg）；

　　　　β_f——矿物掺合料掺量（%），可结合表 4-5 确定。

钢筋混凝土中矿物掺合料最大掺量　　表 4-5

矿物掺合料种类	水胶比	最大掺量（%）	
		采用硅酸盐水泥时	采用普通硅酸盐水泥时
粉煤灰	≤0.4	45	35
	>0.4	40	30
粒化高炉矿渣	≤0.4	65	55
	>0.4	55	45
钢渣粉	—	30	20
磷渣粉	—	30	20
硅灰	—	10	10
复合掺合料	≤0.4	65	55
	>0.4	55	45

6）确定 1m³ 混凝土的水泥用量（m_{c0}）

$$m_{c0} = m_{b0} - m_{f0} \qquad (4\text{-}7)$$

7）选取合理的砂率（β_s）

① 砂率应根据骨料的技术指标、混凝土拌合性能和施工要求，参考既有历史资料确定。

② 当缺乏砂率的历史资料时，混凝土的砂率应符合下列规定：

a. 坍落度小于 10mm 的混凝土，其砂率应经试验确定；

b. 坍落度为 10～60mm 的混凝土，其砂率可按表 4-6 选取；

混凝土的砂率（%） 表 4-6

水胶比	卵石最大公称粒径（mm）			碎石最大公称粒径（mm）		
	10.0	20.0	40.0	16.0	20.0	40.0
0.40	26～32	25～31	24～30	30～35	29～34	27～32
0.50	30～35	29～34	28～33	33～38	32～37	30～35
0.60	33～38	32～37	31～36	36～41	35～40	33～38
0.70	36～41	35～40	34～39	39～44	38～43	36～41

注：1. 本表数值系采用中砂时的选用砂率。若用细（粗）砂，可相应减少（增加）砂率。

2. 采用人工砂配制混凝土时，砂率可适当增大。

3. 只用一个单粒级骨料配制的混凝土，砂率应适当增加。

c. 坍落度大于 60mm 的混凝土，其砂率可经试验确定，也可在表 4-5 的基础上，按坍落度每增大 20mm，砂率增大 1% 的幅度予以调整。

8）计算 1m³ 混凝土中砂子（m_{s0}）、石子（m_{g0}）的用量

① 体积法

$$\frac{m_{c0}}{\rho_c} + \frac{m_{s0}}{\rho_{0s}} + \frac{m_{g0}}{\rho_{0g}} + \frac{m_{w0}}{\rho_w} + 0.01\alpha = 1 \qquad (4\text{-}8)$$

式中　m_{c0}、m_{w0}——分别为 1m³ 混凝土中的水泥、水的用量，kg；

m_{s0}、m_{g0}——分别为 1m³ 混凝土中的砂子、石子的用量，kg；

ρ_c、ρ_w——分别为水泥、水的密度，kg/m³；

ρ_{0s}、ρ_{0g}——分别为砂子、石子的表观密度，kg/m^3；

α——混凝土含气百分数，%。在不使用引气型外加剂时，α 可取 1.0。

又，根据已知砂率的计算公式：

$$\beta_s = \frac{m_{s0}}{m_{s0} + m_{g0}} \times 100\% \qquad (4\text{-}9)$$

将式（4-7）或式（4-8）和式（4-9）联立，即可求出 $1m^3$ 混凝土中砂子（m_{s0}）和石子（m_{g0}）的用量。

② 质量法

假定混凝土拌合物的体积密度 m_{cp} 为一个定值，可得出下式：

$$m_{c0} + m_{w0} + m_{s0} + m_{g0} = m_{cp} \qquad (4\text{-}10)$$

式中 m_{cp}——混凝土拌合物的假定体积密度，可根据经验取 $2350 \sim 2450 kg/m^3$。

将式（4-9）和式（4-10）联立，可求出 $1m^3$ 混凝土中砂子（m_{so}）和石子（m_{go}）的用量。

通过以上步骤即可将 $1m^3$ 混凝土中水泥、水、砂子和石子的用量全部求出，得到混凝土的"初步配合比"。需要注意的是，配合比设计应采用工程实际使用的原材料。配合比设计所采用的细骨料含水率应小于 0.5%，粗骨料含水率应小于 0.2%。如集料为其他含水状态，则应做相应的修正。

9）计算 $1m^3$ 混凝土中外加剂用量（m_{a0}）

$$m_{a0} = m_{b0}\beta_a \qquad (4\text{-}11)$$

式中 m_{a0}——计算配合比每立方米混凝土中外加剂用量（kg/m^3）；

m_{b0}——计算配合比每立方米混凝土中胶凝材料用量（kg/m^3）；

β_a——外加剂掺量，%，应经混凝土试验确定。

（3）基准配合比的确定

混凝土的初步配合比是根据经验公式、图表等估算而得出，因此不一定能满足实际工程的和易性要求，应进行试配与调整，直到混凝土拌合物的和易性满足要求为止，此时得出的配合比即混凝土的基准配合比，它可作为检验混凝土强度之用。

混凝土试配时，每盘混凝土的最小拌合量为：骨料最大粒径小于或等于 31.5mm 时为 15L；最大粒径为 40mm 时为 25L；同时，当采用机械搅拌时，搅拌量应不小于搅拌机额定搅拌量的 1/4。

按初步配合比称取试配材料的用量，将拌合物搅拌均匀后，测定其坍落度，并检验其黏聚性和保水性。

当坍落度比设计要求值大或小时，可以保持水灰比不变，相应地减少或增加水泥浆用量。对于普通混凝土每增加（减少）10mm 坍落度，需增加（减少）2%～5%的水泥浆；当坍落度比要求值大时，除上述方法外，还可以在保持砂率不变的情况下，增加集料用量；若坍落度值大，且拌合物黏聚性、保水性差时，可减少水泥浆、增大砂率（保持砂石总量不变，增加砂子用量，相应减少石子用量），这样反复测试，直至和易性满足要求为止。

当试拌工作完成后，记录好调整后的各种材料用量并测出混凝土拌合物实测湿体积密度 $\rho_{c,t}$，并计算出 1m³ 混凝土中各拌合物的实际用量，即为和易性已满足要求的供检验混凝土强度用的"基准配合比"。

（4）实验室配合比的确定

经过上述的试拌和调整所得出的基准配合比仅仅满足混凝土和易性要求，其强度是否符合要求，还需进一步进行强度检验。

检验混凝土强度时，应采用 3 组不同的配合比，其中一组为基准配合比，另外两组配合比的水灰比值较基准配合比分别增加和减少 0.05，而用水量、砂用量、石用量与基准配合比相同（必要时，可适当调整砂率，砂率可分别增减 1%）。需要说明的是，另两组配合比也需试拌、检验、调整和易性，保证 3 组配合比都满足和易性要求。

3 组不同配合比的混凝土标准试件经标准养护 28d 进行抗压

强度试验，从 3 个抗压强度的代表值中选择一个大于试配强度、水泥用量又少的配合比，作为满足强度要求所需的配合比，并按下列原则确定每立方米混凝土各材料用量：

1) 用水量 m_w。在基准配合比用水量的基础上，根据制作强度试件时测得的坍落度或维勃稠度进行调整确定；

2) 水泥用量 m_c。应以用水量 m_w 乘以选定的灰水比计算确定；

3) 粗、细骨料用量 m_g、m_s。应在基准配合比的粗、细骨料用量的基础上，按选定的水灰比进行调整后确定；

4) 经强度复核之后的配合比，还应根据实测的混凝土拌合物的体积密度和计算体积密度进行校正。

计算体积密度：

$$\rho_{c,c} = m_c + m_s + m_g + m_w \qquad (4\text{-}12)$$

校正系数为：

$$\delta = \frac{\rho_{c,t}}{\rho_{t,t}} \qquad (4\text{-}13)$$

当混凝土体积密度实测值 $\rho_{c,t}$ 与计算值之差 $\rho_{c,c}$ 的绝对值不超过计算值的 2% 时，由以上定出的配合比即为确定的"实验室配合比"；当两者之差超过计算值的 2% 时，应将配合比中的各项材料用量乘以校正系数 δ，即为确定的混凝土"实验室配合比"。

(5) 换算施工配合比

混凝土配合比是以干燥材料为基准得出的。现场材料的实际称量应按工地砂子、石子的含水情况进行修正，修正后的配合比称为"施工配合比"。

假定工地上砂的含水率为 $a\%$，石子的含水率为 $b\%$，则施工配合比中 $1m^3$ 混凝土中各项材料实际称量应为：

$$\begin{cases} m'_c = m_c \\ m'_s = m_s(1 + a\%) \\ m'_g = m_g(1 + b\%) \\ m'_w = m_w - m_s \times a\% - m_g \times b\% \end{cases} \qquad (4\text{-}14)$$

式中　m'_c、m_s、m_g、m_w——分别为施工配合比中 $1m^3$ 混凝土中的水泥、水、砂子、石子的实际称量，kg。

7. 如何进行有特殊要求的混凝土的配合比设计？

答：有特殊要求的混凝土配合比计算、试配的步骤和方法，除应遵守普通混凝土配合比设计规定外，对于所用原材料和一些参数的选择，均有特殊的要求。

（1）抗渗混凝土

1）抗渗混凝土所用原材料应符合下列规定：

① 水泥宜采用普通硅酸盐水泥。

② 粗骨料宜采用连续级配，其最大公称粒径不宜大于40.0mm，含泥量不得大于 1.0%，泥块含量不得大于 0.5%。

③ 细骨料宜采用中砂，含泥量不得大于 3.0%，泥块含量不得大于 10%。

④ 抗渗混凝土宜掺用外加剂，粉煤灰等级应为 I 级或 II 级。

2）抗渗混凝土配合比应符合下列规定：

① 每立方米混凝土中的胶凝材料用量不宜小于 320kg。

② 最大水胶比应符合表 4-7 的规定。

③ 砂率宜为 35%～45%。

抗渗混凝土最大水胶比　　　　　表 4-7

设计抗渗等级	最大水胶比	
	C20～C30	C30 以上
P6	0.60	0.55
P8～P12	0.55	0.50
>P12	0.50	0.45

3）配合比设计中，混凝土抗渗技术要求应符合下列规定：

① 配制抗渗混凝土要求的抗渗水压值应比设计值提高0.2MPa。

② 抗渗试验结果应满足下式要求

$$P_t \geqslant \frac{P}{10} + 0.2 \qquad (4\text{-}15)$$

式中 P_t——6 个试件中 4 个未出现渗水时的最大水压值，MPa；

P——设计要求的抗渗等级值。

③ 掺用引气剂或引气型外加剂的抗渗混凝土，应进行含气量试验，含气量宜控制在 3%～5%。

（2）抗冻混凝土

1）抗冻混凝土所用原材料应符合下列规定：

① 应选用硅酸盐水泥或普通硅酸盐水泥，不宜使用火山灰质硅酸盐水泥。

② 宜选用连续级配的粗骨料，其含泥量不得大于 1.0%，泥块含量不得大于 0.5%。

③ 细骨料含泥量不得大于 30%，泥块含量不得大于 1.0%。

④ 粗骨料和细骨料均应进行坚固性试验，并应符合现行行业标准《普通混凝土用砂、石质量标准及检验方法》（JGJ 52）的规定。

⑤ 抗冻等级不小于 F100 的抗冻混凝土宜掺引气剂。

⑥ 在钢筋混凝土和预应力钢筋混凝土中不得掺用含有氯盐的防冻剂；在预应力混凝土中不得掺用含有亚硝酸盐或碳酸盐的防冻剂。

2）抗冻混凝土配合比应符合下列规定：

① 最大水胶比和最小胶凝材料用量应符合表 4-8 的规定。

最大水胶比和最小胶凝材料用量 表 4-8

设计抗冻等级	最大水胶比		最小胶凝材料用量（kg/m³）
	无引气剂时	掺引气剂时	
F50	0.55	0.60	300
F100	0.50	0.55	320
不低于 F150	—	0.50	350

② 复合矿物掺合料掺量宜符合表 4-9 的规定；其他矿物掺合料宜符合表 4-5 的规定。

复合矿物掺合料最大掺量

表 4-9

水胶比	最大掺量（%）	
	采用硅酸盐水泥时	采用普通硅酸盐水泥时
≤0.40	60	50
>0.40	50	40

③ 掺用引气剂的混凝土最小含气量应符合表 4-10 的规定。

混凝土最小含气量

表 4-10

粗骨料最大公称粒径（mm）	混凝土最小含气量（%）	
	潮湿或水位变动的寒冷和严寒环境	盐冻环境
40.0	4.5	5.0
25.0	5.0	5.5
20.0	5.5	6.0

注：含气量为气体占混凝土体积的百分比。

（3）高强混凝土

1）高强混凝土所用原材料应符合下列规定：

① 应选用硅酸盐水泥或普通硅酸盐水泥。

② 粗骨料宜采用连续级配，其最大公称粒径不应大于 25mm，针片状颗粒含量不宜大于 5.%，含泥量不应大于 5%，泥块含量不宜大于 0.2%。

③ 细骨料的细度模数宜为 2.6～3.0，含泥量不应大于 2.0%，泥块含量不应大于 0.5%。

④ 宜采用减水率不小于 25% 的高性能减水剂。

⑤ 宜复合掺用粒化高炉矿渣、粉煤灰和硅灰等矿物掺合料；粉煤灰等级不应低于 II 级；对强度等级不低于 C80 的高强混凝土宜掺用硅灰。

174

2) 高强混凝土配合比应经试验确定，在缺乏试验依据的情况下，配合比宜符合下列规定：

① 水胶比、胶凝材料用量和砂率可按表 4-11 选取，并应经试配确定。

粗骨料的最大公称粒径与输送管径之比　　表 4-11

强度等级	水胶比	胶凝材料用量（kg/m³）	砂率（%）
≥C60，<C80	0.28～0.34	480～560	
≥C80，<C100	0.26～0.28	520～580	35～42
C100	0.24～0.26	550～600	

② 外加剂和矿物掺合料的品种、掺量，应通过试配确定；矿物掺合料掺量宜为 25%～40%；硅灰掺量不大于 10%。

③ 水泥用量不应大于 500kg/m³。

3) 在试配过程中，应采用三个不同的配合比进行混凝土强度试验，其中一个可为依据表 4-11 计算后调整拌合物的试拌配合比，另外两个配合比的水胶比，宜较试拌配合比分别增加和减少 0.02。

4) 高强混凝土设计配合比确定后，尚应采用该配合比进行不少于三盘混凝土的重复试验，每盘混凝土至少成型一组试件，每组混凝土的抗压强度不低于配制强度。

5) 高强混凝土抗压强度测定宜采用标准尺寸试件，使用非标准尺寸试件时，尺寸换算系数应经试验确定。

（4）泵送混凝土

1) 泵送混凝土所采用的原材料应符合下列规定：

① 泵送混凝土应选用硅酸盐水泥、普通硅酸盐水泥、矿渣硅酸盐水泥和粉煤灰硅酸盐水泥，不宜采用火山灰质硅酸盐水泥。

② 粗骨料宜采用连续级配，其针片状颗粒含量不宜大于 10%；粗骨料的最大粒径与输送管径之比宜符合表 4-12 的规定。

粗骨料的最大粒径与输送管径之比　　　表 4-12

粗骨料配制	泵送高度（m）	粗骨料最大公称粒径与输送管径之比
碎石	＜50	≤1：3.0
	50～100	≤1：4.0
	＞100	≤1：5.0
卵石	＜50	≤1：2.5
	50～100	≤1：3.0
	＞100	≤1：4.0

③ 细骨料宜采用中砂，其通过 $0.315\mu m$ 筛孔的颗粒含量不宜少于 15%。

④ 泵送混凝土应掺用泵送剂或减水剂，并宜掺用矿物掺合料。

2）泵送混凝土配合比应符合下列规定：

① 凝材料用量不宜小于 $300kg/m^3$。

② 砂率宜为 35%～45%。

3）泵送混凝土试配时应考虑坍落度经时损失。

(5) 大体积混凝土

1）大体积混凝土所用的原材料应符合下列规定：

① 水泥宜采用中、低热硅酸盐水泥或低热矿渣硅酸盐水泥。当采用硅酸盐水泥或普通硅酸盐水泥时，应掺加矿物掺合料，胶凝材料的 3d 和 7d 水化热分别不宜大于 240kJ/kg 和 270kJ/kg。

② 粗骨料宜采用连续级配，最大公称粒径不宜小于 31.5mm，含泥量不应大于 1.0%。

③ 细骨料宜采用中砂，含泥量不应大于 3.0%

④ 宜掺用矿物掺和料和缓凝型减水剂。

2）当采用混凝土 60d 或 90d 龄期的设计强度时，宜采用标准尺寸试件进行抗压强度试验。

3）大体积混凝土配合比应符合下列规定：

① 水胶比不宜大于 0.55，用水量不宜大于 $175kg/m^3$。

② 在保证混凝土性能要求的前提下，宜提高每立方米混凝

土中粗骨料用量；砂率宜为 35%～45%。

③ 在保证混凝土性能要求的前提下，应减少胶凝材料中的水泥用量，提高矿物掺和料的用量。

4）在配合比试配和调整时，控制混凝土绝热温升不宜大于 50℃。

5）大体积混凝土配合比设计应满足施工对混凝土凝结时间的要求。

8. 对砌筑砂浆的材料有何要求？

答：（1）砌筑砂浆用水泥的强度等级应根据设计要求进行选择。水泥砂浆采用的水泥，其强度等级不宜大于 32.5 级；水泥混合砂浆采用的水泥，其强度等级不宜大于 42.5 级。

（2）砌筑砂浆用砂宜选用中砂，其中毛石砌体宜选用粗砂。砂的含泥量不应超过 5%。强度等级为 M2.5 的水泥混合砂浆，砂的含泥量不应超过 10%。

（3）掺合料应符合下列规定：

1）生石灰熟化成石灰膏时，应用孔径不大于 3mm×3mm 的网过滤，熟化时间不得少于 7d；磨细生石灰粉的熟化时间不得少于 2d。沉淀池中贮存的石灰膏，应采取防止干燥、冻结和污染的措施。严禁使用脱水硬化的石灰膏。

2）采用黏土或粉质黏土制备黏土膏时，宜用搅拌机加水搅拌，通过孔径不大于 3mm×3mm 的网过滤。用比色法鉴定黏土中的有机物含量时应浅于标准色。

3）制作电石膏的电石渣应用孔径不大于 3mm×3mm 的网过滤，检验时应加热至 70℃并保持 20min，没有乙炔气味后方可使用。

4）消石灰粉不得直接用于砌筑砂浆中。

（4）石灰膏、黏土膏和电石膏试配时的稠度，应为（120±5）mm。

（5）粉煤灰的品质指标和磨细生石灰的品质指标应符合现行

国家标准《用于水泥和混凝土中的粉煤灰》（GB 1596）及行业标准《建筑生石灰粉》（JC/T 480）的要求。

（6）配制砂浆用水应符合现行行业标准《混凝土拌合用水标准》（JGJ 63）的规定。

（7）砌筑砂浆中掺入的砂浆外加剂，应具有法定检测机构出具的该产品砌体强度型式检验报告，并经砂浆性能试验合格后，方可使用。

9. 砌筑砂浆的技术条件是如何规定的？

答：（1）砌筑砂浆的强度等级宜采用 M20、M15，M10、M7.5、M5、M2.5。

（2）水泥砂浆拌合物的密度不宜小于 $1900kg/m^3$；水混混合砂浆拌合物的密度不宜小于 $1800kg/m^3$。

（3）砌筑砂浆稠度、分层度、试配抗压强度必须同时符合要求。

（4）砌筑砂浆的稠度应按表 4-13 的规定选用。

砌筑砂浆的稠度 表 4-13

砌体种类	砂浆稠度
烧结普通砖	70～90
轻骨料混凝土小型空心砌块砌体	60～90
烧结多孔砖、空心砖砌体	60～80
烧结普通砖平拱式过梁	50～70
空斗墙、筒拱	
普通混凝土小型空心砌块砌体	
加气混凝土砌块砌体	
石砌体	30～50

（5）砌筑砂浆的分层度不得大于 80mm。

（6）水泥砂浆中水泥用量不应小于 $200kg/m^3$，水泥混合砂浆中水泥和掺合料总量宜为 $300～350kg/m^3$。

（7）具有冻融循环次数要求的砌筑砂浆，经冻融试验后，质量损失率不得大于 5%，抗压强度损失率不得大于 25%。

（8）砂浆试配时应采用机械搅拌。搅拌时间应自投料结束算起，并应符合下列规定：

① 水泥砂浆和水泥混合砂浆，不得小于 120s；

② 对掺用粉煤灰和外加剂的砂浆，不得小于 180s。

10. 如何进行砌筑砂浆配合比设计？

答：（1）水泥混合砂浆的配合比设计步骤

1）计算砂浆的试配强度（$f_{m,0}$）

砂浆的试配强度应按下式计算：

$$f_{m,0} = kf_2 \tag{4-16}$$

式中　$f_{m,0}$——砂浆的试配强度，精确至 0.1MPa；

　　　f_2——砂浆强度等级值，精确至 0.1MPa；

　　　k——系数。施工水平优良时，k 取 1.15；施工水平一般时，k 取 1.20；施工水平较差时，k 取 1.25。

2）计算每立方米砂浆中的水泥用量 Q_C

$$Q_C = \frac{1000(f_{m,0} - \beta)}{\alpha \cdot f_{ce}} \tag{4-17}$$

式中　Q_c——每立方米砂浆的水泥用量，精确至 1kg；

　　　$f_{m,0}$——砂浆的试配强度，精确至 0.1；

　　　f_{ce}——水泥的实测强度，精确至 0.1MPa；

　　　α、β——砂浆的特征系数，其中 α 取 3.03，β 取 -15.09。

在无法取得水泥的实测强度值时，可按下式计算 f_{ce}：

$$f_{ce} = \gamma_c \cdot f_{ce,k} \tag{4-18}$$

式中　$f_{ce,k}$——水泥强度等级值，MPa；

　　　γ_c——水泥强度等级值的富余系数，宜按实际统计资料确定；无统计资料时可取 1.0。

3）计算每立方米砂浆中的石灰膏用量 Q_D

$$Q_D = Q_A - Q_C \tag{4-19}$$

式中　Q_D——每立方米砂浆的石灰膏用量，精确至 1kg；石灰膏

179

使用时的稠度宜为 120mm±5mm；稠度不在规定范围时，其用量应按表 4-14 进行换算。

γ_c——每立方米砂浆中水泥和石灰膏总量，精确至 1kg；可为 350kg。

石灰膏不同稠度的换算系数　　　　　　　　表 4-14

稠度（mm）	120	110	100	90	80	70	60	50	40	30
换算系数	1.00	0.99	0.97	0.95	0.93	0.92	0.90	0.88	0.87	0.86

4）确定每立方米砂浆中的砂用量 Q_S

每立方米砂浆中的砂用量 Q_S，应按砂干燥状态（含水率小于 0.5%）的堆积密度值作为计算值，单位以 kg 计。

5）按砂浆稠度选用每立方米砂浆中的用水量 Q_W

每立方米砂浆中的用水量，可根据砂浆稠度等要求选用 210～310kg。

注意：混合砂浆中的用水量，不包括石灰膏或黏土膏中的水；当采用细砂或粗砂时，用水量分别取上限或下限；稠度小于 70mm 时，用水量可小于下限；施工现场气候炎热或干燥季节，可酌量增加用水量。

6）配合比的试配、调整与确定

① 按计算或查表所得配合比进行试拌时，应按现行行业标准《建筑砂浆基本性能试验方法标准》（JGJ/T 70—2009）测定其拌合物的稠度和保水率。当不能满足要求时，应调整材料用量，直到符合要求为止。然后确定为试配时的砂浆基准配合比。

② 试配时，至少应采用三个不同的配合比，其中一个为基准配合比，其余两个配合比的水泥用量应按基准配合比分别增加及减少 10%。在保证稠度、保水率合格的条件下，可将用水量、石灰膏、保水增稠材料或粉煤灰等活性掺合料用量作相应调整。

③ 选定符合试配强度及和易性要求且水泥用量最低的配合

比作为砂浆的试配配合比。

7）配合比的校正

① 应根据上述确定的砂浆配合比材料用量，按下式计算砂浆的理论表观密度值：

$$\rho_l = Q_C + Q_D + Q_S + Q_W \qquad (4\text{-}20)$$

式中 ρ_l——砂浆的理论表观密度值，精确至 10kg/m^3。

② 应按下式计算砂浆配合比校正系数 δ

$$\delta = \rho_c / \rho_l \qquad (4\text{-}21)$$

式中 ρ_c——砂浆的实测表观密度值，精确至 10kg/m^3。

③ 当砂浆的实测表观密度值与理论表观密度值之差的绝对值不超过理论值的 2% 时，可将得出的试配配合比确定为砂浆设计配合比；当超过 2% 时，应将试配配合比中每项材料用量均乘以校正系数后，确定为砂浆设计配合比。

（2）现场配制水泥砂浆配合比的选用

1）水泥砂浆的材料用量可按表 4-15 选用。

每立方米水泥砂浆材料用量　　　表 4-15

强度等级	水泥（kg）	砂（kg）	用水量（kg）
M5	200～230		
M7.5	230～260		
M10	260～290		
M15	290～330	砂的堆积密度值	270～330
M20	340～400		
M25	360～410		
M30	430～480		

注：1. M15 及以下强度等级的水泥砂浆，水泥强度等级为 32.5 级，M15 以上强度等级的水泥砂浆，水泥强度等级为 42.5 级；

2. 当采用细砂或粗砂时，用水量分别取上限或下限；

3. 稠度小于 70mm 时，用水量可小于下限；

4. 施工现场气候炎热或干燥季节，可酌量增加用水量；

5. 试配强度应按式（4-16）计算。

2) 水泥粉煤灰砂浆的材料用量可按表 4-16 选用。

每立方米水泥粉煤灰砂浆材料用量　　表 4-16

强度等级	水泥和粉煤灰总量（kg）	粉煤灰（kg）	砂（kg）	用水量（kg）
M5.0	210～240	粉煤灰掺量可占胶凝材料总量的 15%～25%	砂子的堆积密度值	270～330
M7.5	240～270			
M10	270～300			
M15	300～330			

注：1. 表中水泥强度等级为 32.5 级；
　　2. 当采用细砂或粗砂时，用水量分别取上限或下限；
　　3. 稠度小于 70mm 时，用水量可小于下限；
　　4. 施工现场气候炎热或干燥季节，可酌量增加用水量；
　　5. 试配强度应按式（4-16）计算。

第五章 道路材料试验

1. 与道路材料试验相关的现行标准、规范、规程有哪些?

答:《公路土工试验规程》(JTG E40—2007)

《公路工程无机结合料稳定材料试验规程》(JTG E51—2009)

《公路工程沥青及沥青混合料试验规程》(JTG E20—2011)

《公路沥青路面施工技术规范》(JTG F40—2004)

《沥青路面施工及验收规范》(GB 50092—1996)

2. 如何进行土的分类?

答:依据土颗粒组成、土的塑性指标(液限 w_L、塑限 w_P 和塑性指标 I_P)及土中有机质存在情况,《公路土工试验规程》(JTG E40—2007)将土分为巨粒土、粗粒土、细粒土、特殊土,分类总体系如图 5-1 所示。

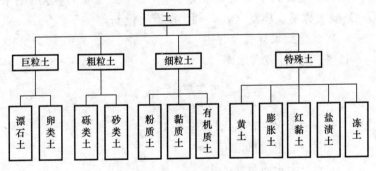

图 5-1 土分类总体系

3. 土的含水率试验方法是什么?

答:土的含水率是指土中水的质量与土颗粒质量的比值,

以百分率表示。含水率检测方法有烘干法、酒精燃烧法和比重法。

烘干法也是实验室的标准方法，适用于测定黏质土、粉质土、有机质土和冻土土类的含水率。

(1) 仪器设备

烘箱：温度能保持 $105 \sim 110℃$；天平：称量 200g，感量 0.01g；称量 1000g，感量 0.1g。干燥器、称量盒等。

(2) 试验步骤

1) 取具有代表性试样，细粒土 $15 \sim 30g$，砂类土、有机质土为 50g，砂砾石为 $1 \sim 2kg$，放入已称好的称量盒 m_0 内，立即盖好盒盖，用天平称重 m_1（湿土加盒重），称量结果（m_1）减去称量盒质量（m_0）即为湿土质量 m。

2) 揭开盒盖，将试样和盒放入烘箱中，在温度 $105 \sim 110℃$ 下烘至恒重。烘干时间对细粒土不得少于 8h，对砂类土不得少于 6h。对含有机质超过干土质量 5% 的土或含石膏的土，应将温度控制在 $60 \sim 70℃$ 的恒温下，干燥 $12 \sim 15h$。

3) 将烘干后的试样和盒取出，盖上盒盖，放入干燥器内冷却至恒温，放在天平上称其质量 m_2（干土加盒重），称量结果（m_2）减去称量盒质量（m_0）即为湿土质量 m_g。

(3) 试验结果计算及评定

1) 按下式计算含水率：

$$w = \frac{m - m_s}{m_s} \times 100\% \tag{5-1}$$

式中　w——含水率，%，计算至 0.1；

　　　m——湿土质量，g；

　　　m_s——干土质量，g。

2) 结果评定。

本试验须进行二次平行测定，取其算术平均值，允许平行差值应符合表 5-1 规定。

含水率(%)	允许平行差值(%)	含水率(%)	允许平行差值(%)
5 以下	0.3	40 以上	≤2
40 以下	≤1	对层状和网状构造的冻土	3

4. 如何进行土的击实试验?

答：击实试验用于测定土的密度和含水率的关系，从而确定土的最大干密度与相应的最优含水率。击实试验分为轻型击实和重型击实两种方法。用重型击实试验与轻型击实试验相比较，重型击实提高了土的最大干密度，减少了最佳含水率的用水量。进行轻型击实还是重型击实，应根据施工要求进行试验，其击实方法类型见表 5-2。

击实试验方法类型　　　　　表 5-2

试验方法	类别	锤底直径(cm)	锤质量(kg)	落高(cm)	试筒尺寸			层数	每层击数	击实功(kJ/m²)	最大粒径(mm)
					内径(cm)	高(cm)	容积(cm³)				
轻型	I.1	5	2.5	30	10	12.7	997	3	27	598.2	25
	I.2	5	2.5	30	15.2	12	2177	3	59	598.2	38
重型	II.1	5	4.5	45	10	12.7	997	5	27	2687.0	25
	II.2	5	4.5	45	15.2	12	2177	3	98	2677.2	38

（1）仪器设备

击实仪：参数应符合表 5-2 规定；圆孔筛：孔径 38mm、5mm、19mm 和 5mm 各 1 个；推土器；天平：称量 200g，分度值 0.01g；台秤，称量 10kg，感量 5g；烘箱及干燥器等。

（2）试样制备

试样制备分干法和湿法两种，可根据土的性质（含易击碎风化石数量多少、含水率高低）选用。

1）干土法（土不重复使用），按四分法至少准备 5 个试样，分别加入不同水分（按 2‰～3‰含水量递增），拌匀后闷料一夜备用。

2）湿土法（土不重复使用），对于高含水量土，可省略过筛步骤，用手捡除粒径大于 38mm 的粗石子即可，保持天然含水量的第一个土样，可立即用于击实试验，其余几个试样，将土分成小土块，分别风干，使含水量按 2‰～3‰递减。

（3）试验步骤

1）将击实筒放在坚硬的地面上，取制备好的土样分 3～5 次倒入筒内。小筒按三层法时，每次约 800～900g（其量应使击实后的试样等于或略高于筒高的 1/3）；按五层法时，每次约 400～500g（其量应使击实后的土样等于或略高于筒高的 1/5）。对于大试筒，先将垫块放入筒内底板上，按五层法时，每层需试样约 900g（细粒土）～1100g（粗粒土）；按三层法时，每层需试样 1700g 左右。整平表面，并稍加压紧，然后按规定的击数进行第一层土的击实，击实时击锤应自由垂直落下，锤迹必须均匀分布于土样面，第一层击实完后，将试样层面"拉毛"，然后再装入套筒，重复上述方法进行其余各层土的击实。小试筒击实后，试样不应高出筒顶面 5mm，大试筒击实后，试样不应高出筒顶面 6mm。

2）用修土刀沿套筒内壁削刮，使试样与套筒脱离后，扭动并取下套筒，齐筒顶细心削平试样，拆除底板，擦净筒外壁，称量，准确至 1g。

3）用推土器推出筒内试样，从试样中心处取样测其含水率，计算至 0.1‰。测定含水量用试样的数量按表 5-3 规定取样（取出有代表性的土样）。两个试样含水率的精度应符合表 5-1 的规定。

测定含水率用试样的数量　　　　　　　　表 5-3

最大粒径（mm）	试样质量（g）	个数
<5	15～20	2
约 5	约 50	1
约 19	约 250	1
约 38	约 500	1

4）对不同含水率的试样依次击实。

（4）试验结果整理

1）按下式计算土样击实后各试样的干密度：

$$\rho_{d} = \frac{\rho}{1 + 0.01\omega} \tag{5-2}$$

式中 ρ_{d}——干密度，g/cm³；

ρ——击实后土的湿密度，g/cm³；

ω——含水率，%。

2）绘图：以干密度为纵坐标，以含水率为横坐标，绘制干密度与含水率的关系曲线。曲线上峰值点的纵、横坐标分别表示土的最大干密度和最优含水率。若曲线不能给出峰值点，则须补点试验。

3）当试样中有粒径大于 38mm 颗粒时，应先取出大于 38mm 颗粒，并求得其百分率 P，把粒径小于 38mm 部分做击实试验，按下面公式分别对试验所得的最大干密度和最佳含水量进行校正（适用于大于 38mm 颗粒的含量小于 30% 时）。

$$\rho'_{dmax} = \frac{1}{\dfrac{(1 - 0.01\rho)}{\rho_{dmax}} + \dfrac{0.01\rho}{G'_{s}}} \tag{5-3}$$

式中 ρ'_{dmax}——校正后最大干密度，g/cm³；

ρ_{dmax}——用粒径小于 38mm 的土样试验所得的最大干密度，g/cm³；

ρ——试料中粒径大于 38mm 颗粒的百分数，%；

G'_{s}——粒径大于 38mm 颗粒的毛体积比重，计算至 0.01。

最佳含水量按下式校正：

$$\omega'_{0} = \omega_{0}(1 - 0.01P) + 0.01P\omega_{2} \tag{5-4}$$

式中 ω'_{0}——校正后的最佳含水率，%；

ω_{0}——用粒径小于 38 毫米的土样试验所得的最佳含水量，%；

P——粒径大于 38mm 颗粒的含量,%;

ω_2——粒径大于 38mm 颗粒的吸水量,%。

5. 如何进行土的颗粒分析试验? 试验结果如何计算?

答：本试验法适用于分析粒径大于 0.074mm 的土颗粒组成。对于粒径大于 60mm 的土样，本试验方法不适用。

(1) 仪器设备

标准筛：粗筛（圆孔）孔径为 60mm、40mm、20mm、10mm、5mm、2mm，细筛孔径为 2.0mm、1.0mm、0.5mm、0.25mm、0.075mm。天平：称量 5000g，感量 5g；称量 1000g，感量 1g；称量 200g，感量 0.2g；摇筛机、烘箱、筛刷、烧杯、木碾、研钵及杵等。

(2) 试样

从风干、松散的土样中，用四分法按照下列规定取出具有代表性的试样：

粒径小于 2mm 颗粒的土 100～300g。

最大粒径小于 10mm 的土 300～900g。

最大粒径小于 20mm 的土 1000～2000g。

最大粒径小于 40mm 的土 2000～4000g。

最大粒径大于 40mm 的土 4000g 以上。

(3) 试验步骤

1) 对于无黏聚性的土

① 按规定称取试样，将试样分批过孔径 2mm 筛。

② 将粒径大于 2mm 的试样从大到小的次序，通过孔径大于 2mm 的各级粗筛，将留在筛上的土分别称量。

③ 孔径 2mm 筛下的土如数量过多，可用四分法缩分至 100～800g。将试样从大到小的次序通过孔径小于 2mm 的各级细筛，可用摇筛机进行震摇。震摇时间一般为 10～15min。

④ 由最大孔径的筛开始，顺序将各筛取下，在白纸上用手轻叩摇晃，至每分钟筛下数量不大于该级筛余质量的 1% 为止。

漏下的土粒应全部放入下一级筛内,并将留在各筛上的土样用软毛刷刷净,分别称量。

⑤ 筛后各级筛上和筛底土总质量与筛前试样质量之差,不应大于1%。

⑥ 如孔径2mm筛下的土不超过试样总质量的10%,可省略细筛分析,如孔径2mm筛上的土不超过试样总质量的10%,可省略粗筛分析。

2)对于含有黏土粒的砂砾土

① 将土样放在橡皮板上,用木碾将黏结的土团充分碾散、拌匀、烘干、称量。如土样过多时,用四分法称取代表性土样。

② 将试样置于盛有清水的搪瓷盆中,浸泡并搅拌,使粗细颗粒分散。

③ 将浸润后的混合液过孔径2mm筛,边冲边洗过筛,直至筛上仅留粒径大于2mm以上的土粒为止。然后,将筛上洗净的砂砾风干称量,按以上方法进行粗筛分析。

④ 通过孔径2mm筛下的混合液存放在盆中,待稍沉淀,将上部悬液过孔径0.075mm洗筛,用带橡皮头的玻璃棒研磨盆内浆液,再加清水,搅拌、研磨、静置、过筛,反复进行,直至盆内悬液澄清。最后,将全部土粒倒在孔径0.075mm筛上,用水冲洗,直到筛上仅留粒径大于0.075mm净砂为止。

⑤ 将粒径大于0.075mm的净砂烘干称量,并进行细筛分析。

⑥ 将粒径大于2mm颗粒及2~0.075mm的颗粒质量从原称量的总质量中减去,即为小于0.075mm颗粒质量。

⑦ 如果粒径小于0.075颗粒质量超过总土质量的10%,有必要时,将这部分土烘干、取样,另做比重计或移液管分析。

(4)结果整理

1)按下式计算小于某粒径颗粒质量百分数:

$$X = \frac{A}{B} \times 100 \qquad (5\text{-}5)$$

式中 X——小于某粒径颗粒的质量百分数,%;

A——小于某粒径的颗粒质量，g；

B——试样的总质量，g。

2）当粒径小于 2mm 的颗粒如用四分法缩分取样时，试样中小于某粒径的颗粒质量占总土质量的百分数：

$$X = \frac{a}{b} \times P \times 100$$

式中　a——通过孔径 2mm 筛的试样中小于某粒长的颗粒质量，g；

　　　b——通过孔径 2mm 筛的土样中所取试样的质量，g；

　　　P——粒径小于 2mm 的颗粒质量百分数。

3）在半对数坐标纸上，以小于某粒径的颗粒质量百分数为纵坐标，以粒径（mm）为横坐标，绘制颗粒大小级配曲线，求出各自的颗粒质量百分数，以整数（％）表示。

6. 各种垫层的压实指标有哪些？

答：各种垫层的压实指标见表 5-4。

各种垫层的压实指标　　　　　　　　　　　表 5-4

施工方法	换填材料类别	压实系数 λ_c
碾压、振密或夯实	碎石、卵石	0.94～0.97
	砂夹石（其中碎、卵石占全重的 30%～50%）	
	土夹石（其中碎、卵石占全重的 30%～50%）	
	中砂、粗砂、砂砾、角砂、圆砾、石屑	
	粉质黏土	
	灰土	0.95
	粉煤灰	0.90～0.95

注：1. 压实系数 λ_c 为土的控制干密度 ρ_d 与最大干密度 ρ_{dmax} 的比值；土的最大干密度宜采用击实试验确定，碎石或卵石的最大干密度可取（2.0～2.2）t/m³。

2. 当采用轻型击实试验时，压实系数 λ_c 宜取高值，采用重型击实试验时，压实系数 λ_c 可取低值。

3. 矿渣垫层的压实指标为最后两遍压实的压陷差小于 2mm。

7. 石油沥青的必试项目有哪些？如何试验？

答：（1）必试项目

对高速公路、一级公路、城市快速路及主干路，必试试验项目为针入度、延度及软化点。对其他公路及城市道路，必试试验项目为针入度。

（2）针入度试验

本方法适用于测定道路石油沥青、聚合物改性沥青针入度以及液体石油沥青蒸馏或乳化沥青蒸发后残留物的针入度，以0.1mm 计。其标准试验条件为温度 25℃，荷重 100g，贯入时间 5s。

1）仪具及材料

针入度仪：宜采用能够自动计时的针入度仪进行测定；标准针：其尺寸及形状如图 5-2 所示，每根针必须附有计量部门的检验单并定期进行检验；盛样皿：金属制，圆柱形平底；恒温水浴：容量不少于 10L，控制温度±0.1℃；平底玻璃皿：容量不少于 1L，深度不少于 80mm。内设有一个不锈钢三脚支架，能使盛样皿稳定；温度计或温度传感器：精度为 0.1℃；计时器：精度为 0.1s；盛样皿盖：平板玻璃，直径不小于盛样皿开口尺寸；溶剂：三氯乙烯等；其他：电炉或砂浴、石棉网、金属锅或瓷把坩埚等。

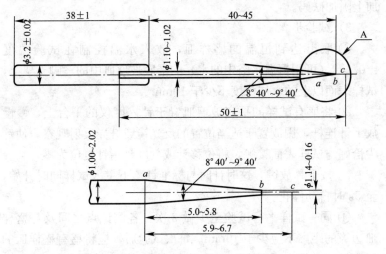

图 5-2　针入度标准针（尺寸单位：mm）

2) 准备工作

① 将装有试样的盛样皿带盖放入恒温烘箱中，若石油沥青中无水分，烘箱温度宜在软化点温度以上 90℃，通常为 135℃ 左右。若石油沥青中含有水分时，将盛样皿放在可控制温度的砂浴、油浴、电热套上加热脱水，当采用电炉、煤气炉脱水时必须加放石棉垫。加热时间不超过 30min，并用玻璃棒轻轻搅拌，以防局部过热。在沥青温度不超过 100℃ 的条件下仔细脱水至无泡沫为止，最后的加热温度不超过软化点以上 100℃（石油沥青）或 50℃（煤沥青），用筛孔为 0.6mm 的滤筛过滤。

② 将试样注入盛样皿中，试样高度应超过预计针入度值10mm，并遮盖盛样皿，以防落入灰尘。盛有试样的盛样皿在 15～30℃ 空气中冷却 1.5h（小盛样皿）、2h（大盛样皿）或 3h（特殊盛样皿）后，移入保持规定试验温度±0.1℃ 的恒温水浴中，并不少于 1.5h（小盛样皿）、2h（大盛样皿）或 2.5h（特殊盛样皿）。

③ 调整针入度仪使之水平。检查针连杆和导轨，以确认无水和其他外来物，无明显摩擦。用三氯乙烯或其他溶剂清洗标准针，并擦干。将标准针插入针连杆，用螺钉固紧。按试验条件，加上附加砝码。

3) 试验步骤

① 取出达到恒温的盛样皿，放入水温控制在试验温度±0.1℃（可用恒温水浴中的水）的平底玻璃皿中的三脚支架上，试样表面以上的水层深度不少于 10mm。

② 将盛有试样的平底玻璃皿置于针入度仪的平台上，慢慢放下针连杆，用放置于适当位置的反光镜或灯光反射观察，使针尖恰好与试样表面接触，将位移计或刻度盘指针复位为零。

③ 按下释放键，这时计时与标准针落下贯入试样同时开始，至 5s 时自动停止。

④ 同一试样平行试验至少做 3 次，各测试点之间及与盛样皿边缘的距离不应少于 10mm。每次试验后，应将盛有盛样皿的平底玻璃皿放入恒温水浴，使平底玻璃皿中水温保持试验温度。

每次试验应换一根干净的标准针或将标准针取下，用蘸有三氯乙烯溶剂的棉花或布揩净，再用干棉花或布擦干。

⑤ 测定针入度大于 200 的沥青试样时，至少用 3 支标准针，每次试验后将针留在试样中，直至 3 次平行试验完成后，才能把标准针从试样中取出。

4）结果处理

同一试样 3 次平行试验结果的最大值和最小值之差在表 5-5 允许偏差范围内时，计算 3 次试验结果的平均值，取整数作为针入度试验结果，以 0.1mm 为单位。当试验结果不符合表 5-5 的要求时，应重新进行试验。

针入度试验允许误差要求　　　　表 5-5

针入度值（0.1mm）	0～49	50～149	150～249	250～500
允许误差（0.1mm）	2	4	12	20

当试验结果小于 50（0.1mm）时，重复性试验精度的允许差为 2（0.1mm），再现性试验精度的允许差为 4（0.1mm）。当试验结果不小于 50（0.1mm）时，重复性试验精度的允许差为平均值的 4%，再现性试验精度的允许差为平均值的 8%。

（3）沥青延度试验

1）仪具及材料

延度仪：测量长度不宜大于 150cm，仪器应有自动控温、控速系统；试模和试模底板：试模由黄铜制成，由两个弧形端模和两个侧模组成。试模底板为玻璃板或磨光的铜板、不锈钢板（表面粗糙度 $Ra0.2\mu m$）；恒温水浴：容积不小于 10L，控温的准确度为 0.1℃，水浴中设置带孔搁架以支撑试件；温度计：量程（0～50）℃，分度值 0.1℃；隔离剂：以质量计，由两份甘油和一份滑石粉调制而成；其他：砂浴或电炉、刮平刀、石棉网、酒精、食盐等。

2）准备工作

① 将隔离剂调和均匀，涂于清洁干燥的试模底板和两个侧

193

模的内侧表面，并将试模在试模底板上装好。

② 将准备好的沥青试样仔细地从试模的一端至另一端往返数次缓缓注入试模中，最后略高出试模，灌模时应避免使气泡混入。

③ 试件在室温中冷却不少于 1.5h，然后用热刮刀刮除高出试模的沥青，使沥青面与试模面齐平。沥青的刮去应自试件的中间刮向两端，且表面应刮平滑。将试模连同底板浸入规定试验温度的水浴中恒温 1.5h。

④ 检查延度仪延伸速度是否符合规定，移动滑板使其指针正对标尺的零点。将延度仪注水，并保温达到试验温度±0.1℃。

3）试验步骤

① 将保温后的试件连同底板移入延伸度仪的水槽中，然后将试件自底板上取下，将试模两端的圆孔分别套在滑动板及固定板的金属圆柱上，并取下侧模。水面距试件表面应不小于 250mm。

② 开动延伸度仪，并注意观察试件的拉伸情况。在试验过程中，水温应保持在试验温度规定范围内，且仪器不得有振动，水面不得有晃动。如发现沥青细丝浮于水面或沉入槽底时，则应在水中分别加入酒精或食盐，调整水的密度与试样相近后，重新试验。

③ 试件拉断时，读取指针所指标尺上的读数，以 cm 计。拉断时，沥青试件实际断面面积接近于零，如不能得到这种结果，则应在报告中注明。

4）试验结果及评定

① 报告

同一试件，每次平行试验不少于 3 个，如 3 个测定结果均大于 100cm，试验结果记作"＞100cm"。如 3 个测定结果中有一个以上的测定值小于 100mm 时，若最大值或最小值与平均值之差满足重复性试验精度要求，则取 3 个测定值结果的平均值的整数作为延度试验结果，若平均值大于 100cm，记作"＞100cm"；若最大值或最小值与平均值之差不符合重复性试验要求，应重新试验。

② 允许误差

当试验结果小于 100mm 时，重复性试验的允许误差为平均值的 20%；再现性试验的允许差为平均差的 30%。

（4）沥青软化点试验（环球法）

环球法适用于测定软化点范围在 30～157℃的石油沥青、聚合物改性沥青的软化点。对于软化点在 30～80℃范围内用蒸馏水作加热介质，软化点在 80～157℃范围内用甘油作加热介质。

1）仪器设备

软化点仪：包括球（直径 9.53mm，质量 3.5g±0.05g）、试样环、钢球定位环、金属支架；耐热玻璃烧杯：容量 800～1000mL，直径不小于 86mm，高度不小于 120mm；温度计：量程 1～100℃，分度值 0.5℃；恒温水浴：控温的准确度为 0.5℃；其他：电炉、隔离剂、新煮沸的蒸馏水、刮刀、石棉网等。

2）准备工作

① 将隔离剂调和均匀。涂于清洁干燥的底板表面上，并将试样环置于底板上，将准备好的沥青试样缓缓注入试样环内略高出环面为止。

② 试样在室温中冷却 30min 后，用热刮刀将多出的沥青刮除，使环面齐平。

3）试验步骤

① 预估试样软化点在 80℃以下者：

a. 将装有试样的试样环连同底板一起置于 5℃±0.5℃的恒温水槽中至少 15min；同时将金属支架、钢球、钢球定位环等也置于相同水槽中。

b. 烧杯中注入 5℃的蒸馏水或纯净水，水面略低于立杆上的深度标记。

c. 从恒温水槽中取出盛有试样的试样环放置在支架中层板的圆孔中，套上定位环。然后将整个环架放入烧杯中，调整水位至深度标记，并保持温度为 5℃±0.5℃。将温度计由上层板中央的圆孔垂直插入，使测温端部与试样环底面齐平。

d. 将烧杯移至放有石棉网的加热炉具上，然后将钢球放在定位环中间的试样中央，立即开动电磁振荡搅拌器，使水微微振荡，并开始加热，使烧杯中的水温在 3min 内调节至保持每分钟上升 5℃±0.5℃。在加热过程中，记录每分钟上升值，如温度上升速度超出此范围，试验应重做。

e. 试样受热软化逐渐下坠，恰与底板接触时，立即读取温度（即软化点），准确至 0.5℃。

② 试样软化点在 80℃以上者：

a. 将装有试样的试样环、金属支架、钢球及定位环连同底板等一起置于 32℃±1℃甘油的恒温槽中至少 15min。

b. 烧杯中注入预先加热至 32℃的甘油，液面略低于立杆上的深度标记。

c. 按上述 c～d 的方法进行测定，准确至 1℃。

4）试验结果及评定

① 同一试样平行试验两次，当两次测定值的差值符合重复性试验允许误差要求时，取其平均值作为试验结果，准确至 0.5℃。

② 当试样软化点小于 80℃时，重复性试验的允许误差为 1℃，复现性试验的允许误差为 4℃。

③ 当试样软化点大于或等于 80℃时，重复性试验的允许误差为 2℃，复现性试验的允许误差为 8℃。

8. 沥青混合料试验的常规试验项目有哪些?

答：马歇尔稳定度；流值；油石比；矿料级配；密度。

9. 如何进行沥青混合料马歇尔稳定度试验?

答：（1）仪具及材料

1）马歇尔稳定度试验仪：分为自动式和手动式。对用于高速公路和一级公路的沥青混合料宜采用自动马歇尔试验仪。当集料公称粒径小于或等于 26.5mm 时，宜采用 ϕ101.6mm×63.5mm 的标准马歇尔试件；当集料公称最大粒径大于 26.5mm 时，宜采用 ϕ152.4mm×95.3mm 的大型马歇尔试件。

2）其他：恒温水槽、真空饱水容器、天平、温度计、卡尺、烘箱、棉纱、黄油等。

（2）标准马歇尔试验步骤

1）按《公路工程沥青及沥青混合料试验规程》（JTG E20—2011）规定的方法成型马歇尔试件。当集料公称粒径小于或等于 26.5mm 时，宜采用 ϕ101.6mm×63.5mm 的标准马歇尔试件，一组试件的数量不少于 4 个；当集料公称最大粒径大于 26.5mm 时，宜采用 ϕ152.4mm×95.3mm 的大型马歇尔试件，一组试件的数量不少于 6 个。标准马歇尔试件尺寸应符合直径 101.6mm ±0.2mm、高 63.5mm±1.3mm 的要求。

2）用卡尺测量试件中部的直径，用马歇尔试件高度测定器或用卡尺在十字对称的 4 个方向测量离试件边缘 10mm 处的高度，准确至 0.1mm，并以其平均值作为试件的高度。要求试件的高度应在 63 5mm±1.3mm 范围内，试件两侧的高度差应不大于 2mm，不符合以上两项要求的试件应作废。

3）按规定方法测定试件表观密度，并计算试件空隙率、沥青体积百分率、矿料间隙率和沥青饱和度等体积指标。

4）将试件置于恒温水槽中（试件之间应有间隙，底下应垫起，距水槽底部不小于 5cm），调节恒温水槽的温度至试验温度（对黏稠石油沥青或烘箱养生过的乳化沥青混合料为 60℃±1℃，对煤沥青混合料为 33.8℃±1℃，对空气养生过的乳化沥青或液体沥青混合料为 25℃±1℃），并保温 30~40min。

5）将马歇尔试验仪的上下压头置于水槽中，使其达到同样温度。从水槽中取出上下压头并擦干内面，在下压头的导棒上涂少量黄油，取出试件放在下压头上，盖上上压头，装在加载设备上。

6）在上压头球座上放置钢球，并对准荷载测定装置的压头，将自动马歇尔试验仪的压力传感器、位移传感器与计算机或X-Y记录仪正确连接，调整好适宜的放大比例，压力和位移传感器调零。

7）启动加载设备，以50mm/min±5mm/min的速率对试件加载。计算机或X-Y记录仪自动记录传感器压力和试件变形曲线并将数据自动存入计算机。试验荷载达到最大值的瞬间取下流值计，读取应力环中百分表读数和流值计的流值读数（从恒温水槽中取出试件至测出最大荷载值的时间，不得超过30s）。

（3）试验结果

当采用自动马歇尔试验仪时，将计算机采集的数据绘制成压力和试件变形曲线，或由X-Y记录仪自动记录的荷载-变形曲线，按图5-3所示的方法在切线方向延长曲线与横坐标相交于O_1，将O_1作为修正原点，从O_1起量取相应于荷载最大值时的变形作为流值（F_L），以mm计，准确至0.1mm。最大荷载即为稳定度（M_S），以kN计，准确至0.01kN。

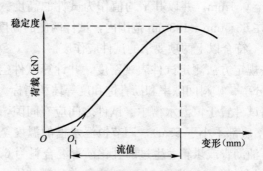

图5-3　马歇尔试验结果的修正方法

当一组测定值中某个数据与平均值之差大于标准差的k倍时，该测定值应予舍弃，并以其余测定值的平均值作为试验结果。当试验数目n为3、4、5、6个时，k值分别为1.15、1.46、1.67、1.82。

采用自动马歇尔试验仪时，试验结果应附上荷载-变形曲线原件或自动打印结果。

10. 如何进行沥青混合料的配合比设计？

答：热拌沥青混合料的配合比设计包括目标配合比设计阶段、生产配合比设计阶段及生产配合比验证阶段。通过配合比设计决定沥青混合料的材料品种、矿料级配及沥青用量。

（1）目标配合比设计阶段

1）矿质混合料组成设计

① 确定沥青混合料类型。根据道路等级、路面类型，所处的结构层位，按表5-6选用。

沥青混合料类型　　　　　　　　表5-6

结构层次	高速公路、一级公路、城市快速路、主干道		其他等级公路		一般城市道路及其他道路工程	
	三层式沥青混凝土路面	两层式沥青混凝土路面	沥青混凝土路面	沥青碎石路面	沥青混凝土路面	沥青碎石路面
上面层	AC-13 AC-16 AC-20	AC-13 AC-16	AC-13 AC-16	AC-13	AC-5 AC-10 AC-13	AM-5
中面层	AC-20 AC-25	—	—	—	—	—
下面层	AC-25 AC-30	AC-20 AC-25 AC-30	AC-20 AC-25 AC-30 AM-25 AM-30	AM-25 AM-30	AC-20 AM-25 AM-30	AC-25 AM-30 AM-40

② 确定矿料的最大粒径。结构层厚度 h 与最大粒径 D 之比应控制在 $h/D \leqslant 2$。

③ 确定矿质混合料的级配范围。根据确定的沥青混合料类型，由规范推荐的矿质混合料级配范围表确定所需的级配范围。

2）矿质混合料配合比计算

① 测定组成材料的原始数据。对现场取的粗集料、细集料

199

和矿粉进行筛分试验。根据筛分结果分别绘出各组成材料的筛分曲线，并测定各组成材料的表观密度。

② 计算组成材料的配合比。根据各组成材料的筛分试验结果，采用图解法或电算法，计算符合要求级配范围的各组成材料用量比例。

③ 调整配合比。计算得到的合成级配应根据下列要求作必要的配合比调整：

a. 合成级配曲线宜尽量接近设计级配中限，尤其应使0.075mm、2.36mm 和 4.75mm 及最大粒径筛孔的通过率尽量接近设计级配范围中限。

b. 对高速公路、一级公路、城市快速路、主干路等交通量大、车辆载重大的道路，宜偏向级配范围的下限（粗）；对中小交通量和人行道路等宜偏向级配范围的上限（细）。

c. 合成的级配曲线应接近连续或合理的间断级配，不得有过多的犬牙交错。当经过再三调整，仍有两个以上的筛孔超过级配范围时，应对原材料进行调整或更换原材料重新设计。

3) 确定最佳沥青用量

通过马歇尔试验确定沥青混合料的最佳沥青用量：

① 根据确定的矿质混合料配合比，计算各矿质材料的用量。

② 根据推荐的沥青用量范围，估计适宜的沥青用量（或油石比）。

③ 测定物理力学指标，以估计沥青用量为中值，以 0.5％ 间隔上下变化沥青用量制备马歇尔试件不少于 5 组，然后在规定的试验温度及试验时间内用马歇尔仪测定稳定度和流值，同时计算空隙率、饱和度及矿料间隙率。

④ 马歇尔试验结果分析：

a. 绘制沥青用量与物理力学指标关系图。以沥青用量为横坐标，视密度、空隙率、饱和度、稳定度、流值为纵坐标，绘制沥青用量与各项指标的关系曲线，如图 5-4 所示。

b. 从图 5-4 中求得相应于稳定度最大值的沥青用量 a_1，相

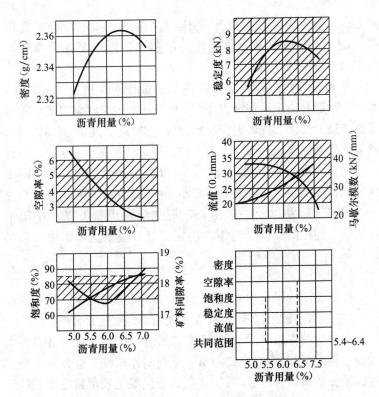

图 5-4 沥青用量与各项指标的关系曲线

应于密度最大的沥青用量 a_2 及相应于规定空隙率范围中值的沥青用量 a_3，求取三者平均值作为最佳沥青用量的初始值 OAC_1：

$$OAC_1 = (a_1 + a_2 + a_3)/3 \qquad (5-6)$$

c. 求出各项指标符合沥青混合料技术标准的沥青用量范围 $OAC_{min} \sim OAC_{max}$，其中值为 OAC_2，即：

$$OAC_2 = (OAC_{min} + OAC_{max})/2 \qquad (5-7)$$

d. 根据 OAC_1 和 OAC_2 综合确定沥青最佳用量（OAC），按最佳沥青用量的初始值 OAC_1 在图中求取相应的各项指标，检查其是否符合规定的马歇尔设计配合比技术标准。同时检验沥青混凝土的矿料间隙 VMA 是否符合要求，如符合时，

201

由 OAC_1 和 OAC_2 综合决定最佳沥青用量。如不符合，应调整级配，重新进行配合比设计马歇尔试验，直至各项指标均能符合要求为止。

e. 根据气候条件和交通特性调整最佳沥青用量。由 OAC_1 和 OAC_2 综合决定最佳沥青用量 OAC 时，还应根据实践经验和道路等级、气候条件考虑所属情况进行调整。对热区道路以及车辆渠化交通的高速公路、一级公路、城市快速路、主干路，预计有可能造成较大车辙的情况时，可以在中限值 OAC_2 与下限值 OAC_{min} 范围内决定，但一般不宜小于中限值 OAC_2 的 0.5%。

对寒区道路以及一般道路，最佳沥青用量可以在中限值 OAC_2 与上限值 OAC_{max} 范围内决定，但一般不宜大于中限值的 0.3%。

⑤ 水稳定性检查。

按最佳沥青用量 OAC 制作马歇尔试件进行浸水马歇尔试验（或真空饱水马歇尔试验），检查其残留稳定度是否合格。

如最佳沥青用量 OAC 与两个初始值 OAC_1、OAC_2 相差甚大时，宜将 OAC 与 OAC_1 或 OAC_2 分别制作试件，进行残留稳定度试验。我国现行标准规定，Ⅰ型沥青混凝土残留稳定度不低于 75%，Ⅱ型沥青混凝土不低于 70%。如不符合要求，应重新进行配合比设计，或者采用掺加抗剥剂方法来提高水稳定性。

⑥ 抗车辙能力检验。

按最佳沥青用量 OAC 制作车辙试验试件，按《公路工程沥青及沥青混合料试验规程》（JTG E20—2011）方法，在 60℃ 条件下用车辙试验相对设计的沥青用量检验其动稳定度。

用最佳沥青用量 OAC_1 与两个初始值 OAC_1、OAC_2 分别制作试件进行车辙试验。我国现行行业标准《公路沥青路面施工技术规范》（JTG F 40—2004）规定，用于上、中面层的沥青混凝土，在 60℃ 时车辙试验的动稳定度如下：

对高速公路、城市快速路不小于 800 次/mm；对一级公路及城市主干路宜不小于 600 次/mm。如不符合上述要求，应对矿料级配或沥青用量进行调整，重新进行配合比设计。

（2）生产配合比设计阶段

应利用实际施工的拌合机进行试拌，以确定施工配合比。试验前，应根据级配类型选择振动筛筛号，使几个热料仓的材料不致相差太多，最大筛孔应保证超粒径料筛出。试验时，按试验室配合比设计的冷料比例上料、烘干、筛分，然后取样筛分，与试验室配合比设计一样进行矿料级配计算。按计算结果进行马歇尔试验。规范规定试验油石比可取试验室最佳油石比和其±0.3%三档试验，从而得出最佳油石比，供试拌试铺使用。

（3）生产配合比验证阶段

拌合机采用生产配合比试拌、铺筑试验段，技术人员观察摊铺、碾压过程和成型混合料的表面状况，用拌合的沥青混合料及路上钻取的芯样进行马歇尔试验检验，最终确定生产用的标准配合比。标准配合比应作为生产上控制的依据和质量检验的标准。标准配合比的矿料级配至少应包括 0.075mm、2.36mm、4.75mm，三档的筛孔通过率接近要求级配的中值。生产过程中，当进场材料发生变化时，应及时调整配合比。必要时重新进行配合比设计，使沥青混合料质量符合要求。

11. 无机结合料的定义是什么？

答：无机结合料稳定料（俗称半刚性基层）分为水泥稳定类、石灰稳定类、综合稳定类和工业废渣稳定类（主要是石灰粉煤灰稳定类），包括水泥稳定土、石灰稳定土、水泥石灰综合稳定土、石灰粉煤灰稳定土、水泥粉煤灰稳定土及水泥石灰粉煤灰稳定土等。其中土作为基层材料的骨架，水泥和石灰则属于基层材料的胶凝物质。

12. 无机结合材料的试验项目有哪些？

答：（1）水泥或石灰剂量；
（2）石灰中氧化钙和氧化镁含量；

（3）无侧限抗压强度；

（4）无机结合料稳定土的击实。

13. 水泥或石灰剂量的测量方法（EDTA）是什么？

答：本办法适用于在水泥终凝之前的水泥含量测定，现场土样的石灰剂量应在路拌后尽快测试，否则需要用相应龄期的 EDTA 二钠标准溶液消耗量的标准曲线确定。

（1）试剂

EDTA 二钠标准溶液；10％氯化铵溶液；1.8％氢氧化钠（内含三乙醇胺）溶液；钙红指示剂。

（2）准备标准曲线

1）取样：取工地用石灰和土，风干后用烘干法测其含水率（如为水泥，可假定其含水率为 0）。

2）混合料组成的计算：

① 公式：干料质量＝湿料／（1＋含水率）

② 计算步骤

a. 求干混合料质量＝湿混合料质量／（1＋最佳含水率）

b. 干土质量＝干混合料质量／[1＋石灰（或水泥）剂量]

c. 干石灰（或水泥）质量＝干混合料质量干土质量

d. 湿土质量＝干土质量×（1＋土的风干含水率）

e. 湿石灰质量＝干石灰质量×（1＋石灰的风干含水率）

f. 石灰土中应加的水质量＝湿混合料质量－湿土质量－湿石灰质量

3）准备 5 种试样，每种 2 个样品。以水泥稳定材料为例，如为水泥稳定中粒土、粗粒土，每个样品取 1000g 左右（如为细粒土，则可称取 300g 左右）准备试验。为了减少中、粗粒土的离散，宜按设计级配单份掺配的方式备料。

5 种混合料的水泥剂量应为：水泥剂量为 0，最佳水泥剂量左右、最佳水泥剂量±2％和＋4％，每种剂量取两个（为湿质量）试样，共 10 个试样，并分别放在 10 个大口聚乙烯桶（如为稳定细粒土，可用搪瓷杯或 1000mL 具塞三角瓶；如为粗粒土，可用 5L 的大口聚乙烯桶）内。土的含水率应等于工地预期达到的最佳含水率，土中的水应与工地所用的水相同。

注：在此，准备标准曲线的水泥剂量为：0%、2%、4%、6%、8%，实际工作中应使工地实际所用水泥或石灰剂量位于准备标准曲线时所用剂量的中间。

4）取一个盛有试样的容器，在容器中加入两倍试样质量（湿料质量）体积的 10%氯化铵溶液（如湿料质量为 300g，则氯化铵溶液为 600mL；湿料质量为 1000g，则氯化铵溶液为 2000mL）。料为 300g，搅拌 3min（110～120 次/min）；料为 1000g，则搅拌 5min。如用 1000mL 具塞三角瓶，则手握三角瓶（瓶口向上）用力振荡 3min（120±5 次/min），以代替搅拌棒搅拌。放置沉淀 10min［如 10min 后得到的是混浊悬浮液，则应增加放置沉淀时间，直到出现无明显悬浮颗粒的悬浮液为止，并记录所需时间，以后所有该种水泥（或石灰）稳定材料的试验，均应以同一时间为准］，然后将上部清液移到 300mL 烧杯内，搅匀，加盖表面皿待测。

5）用移液管吸取上层（液面下 1～2cm）10.0mL 悬浮液放入 200mL 三角瓶中，用量筒量取 50mL1.8%氢氧化钠（内含三乙醇胺）溶液倒入三角瓶中，此时溶液 pH 值为 12.5～13.0（可用 pH12～14 精密试纸检验），然后加入钙红指示剂（质量约为 0.2g），摇匀，溶液呈玫瑰红色。记录滴定管中 EDTA 二钠溶液的体积 V_1，然后用 EDTA 二钠标准溶液滴定，边滴定边摇匀，并仔细观察溶液的颜色；在溶液颜色变为紫色时，放慢滴定速度，并摇匀，直到纯蓝色为终点，记录滴定管中 EDTA 二钠的体积 V_2（以 mL 计，读至 0.1mL）。计算 V_1-V_2，即为 EDTA 二钠标准溶液的消耗量。

6）对其他容器中的试样，用同样的方法进行试验，记录各自的 EDTA 二钠的消耗量。

7）以同一水泥（或石灰）剂量混合料消耗 EDTA 二钠毫升

数的平均值为纵坐标，以水泥（或石灰）剂量（％）为横坐标制图。两者的关系应是一条顺滑的曲线。如素集料或水泥（或石灰）改变，必须重做标准曲线。

（3）试验步骤

1）选取有代表性的无机结合料稳定材料，对稳定中、粗粒土取试样约3000g，对水泥或石灰稳定细粒土取样约1000g。

2）对水泥或石灰稳定细粒土，称300g放在搪瓷杯中，用搅拌棒将结块搅散，加10％氯化铵溶液600mL；对水泥或石灰稳定中、粗粒土，可直接称取1000g左右，放入10％氯化铵溶液1000mL，然后如前述步骤进行试验。

3）利用绘制的标准曲线，根据的EDTA二钠标准溶液消耗量，确定混合料中的水泥或石灰剂量。

（4）结果整理

本试验应进行两次平行测定，取算术平均值，精确至0.1mL。允许重复性误差不得大于均值的5％，否则，重新进行试验。

附　　录

附表 1　常用建筑材料进场复试项目、主要检测参数和取样依据

(JGJ 190—2010)

序号	类别	名称（复试项目）	主要检测参数	取样依据
1	混凝土组成材料	通用硅酸盐水泥	胶砂强度	《通用硅酸盐水泥》（GB 175）
			安定性	
			凝结时间	
		砌筑水泥	安定性	《砌筑水泥》（GB/T 3183）
			强度	
		天然砂	筛分析	《普通混凝土用砂、石质量及检验方法标准》（JGJ 52）《建筑用砂》（GB/T 14684）
			含泥量	
			泥块含量	
		人工砂	筛分析	
			石粉含量（含亚甲蓝试验）	
		石	筛分析	《普通混凝土用砂、石质量及检验方法标准》（JGJ 52）
			含泥量	
			泥块含量	
		轻集料	颗粒级配（筛分析）	《轻集料及其试验方法　第1部分：轻集料》（GB/T 17431.1）《轻集料及其试验方法　第2部分：轻集料试验方法》（GB/T 17431.2）
			堆积密度	
			高压强度（或强度标号）	
			吸水率	
		粉煤灰	细度	《粉煤灰混凝土应用技术规范》（GBJ 146）
			烧失量	
			需水量比（同一供灰单位，一次/月）	
			三氧化硫含量（同一供灰单位，一次/季）	

序号	类别	名称（复试项目）	主要检测参数	取样依据
1	混凝土组成材料	普通减水剂 高效减水剂	pH 值	《混凝土外加剂》（GB 8076）
			密度（或细度）	
			减水率	
		旱强减水剂	密度（或细度）	《混凝土外加剂》（GB 8076）
			钢筋锈蚀	
			减水率	
			1d 和 3d 抗压强度	
		缓凝减水剂 缓凝高效减水剂	pH 值	《混凝土外加剂》（GB 8076）
			密度（或细度）	
			混凝土凝结时间	
			减水率	
		引气减水剂	pH 值	《混凝土外加剂》（GB 8076）
			密度（或细度）	
			减水率	
			含气量	
		旱强剂	钢筋锈蚀	《混凝土外加剂》（GB 8076）
			密度（或细度）	
			1d 和 3d 抗压强度比	
		缓凝剂	pH 值	《混凝土外加剂》（GB 8076）
			密度（或细度）	
			混凝土凝结时间	
		泵送剂	pH 值	《混凝土泵送剂》（JC 473）
			密度（或细度）	
			坍落度增加值	
			坍落度保留值	
		防冻剂	钢筋锈蚀	《混凝土防冻剂》（JC 475）
			密度（或细度）	
			R_{-7} 和 R_{+28} 抗压强度比	
		膨胀剂	限制膨胀率	《混凝土膨胀剂》（GB 23439）

序号	类别	名称（复试项目）	主要检测参数		取样依据
1	混凝土组成材料	引气剂	pH 值		《混凝土外加剂》（GB 8076）
			密度（或细度）		
			含气量		
		防水剂	pH 值		《砂浆、混凝土防水剂》（JC 474）
			钢筋锈蚀		
			密度（或细度）		
		速凝剂	密度（或细度）		《喷射混凝土用速凝剂》（JC 477）
			1d 抗压强度		
			凝结时间		
2	钢材	热轧光圆钢筋	拉伸（屈酸强度、抗拉强度、断后伸长率）		《钢筋混凝土用钢　第1部分；热轧光圆钢筋》（GB 1499.1）
			弯曲性能		
		热轧带肋钢筋	拉伸（屈酸强度、抗拉强度、断后伸长率）		《钢筋混凝土用钢　第2部分；热轧带肋钢筋》（GB 1499.2）
			弯曲性能		
		碳素结构钢低合金高强度结构钢	拉伸《屈服强度、抗拉强度、断后伸长率》	复试条件：《钢结构工程施工质量验收规范》GB 50205 相关规定	《钢及钢产品　力学性能试验取样位置及试样制备》（GB/T 2975）《碳素结构钢》（GB/T 700）《低合金高强度结构钢》（GB/T 1591）
			弯曲		
			冲击		
		钢筋混凝土用余热处理钢筋	拉伸（屈服强度、抗拉强度、伸长率）		《钢筋混凝土用余热处理钢筋》（GB 13014）
			冷弯		
		冷轧带肋钢筋	拉伸（抗拉强度、伸长率）		《冷轧带肋钢筋混凝土结构技术规程》（JGJ 95）
			弯曲或反复弯曲		
		冷轧扭钢筋	拉伸（抗拉强度、延伸率）		《冷轧扭钢筋混凝土构件技术规程》（JGJ 115）
			冷弯		
		预应力混凝土用钢绞线	最大力		《预应力混凝土用钢绞线》（GB/T 5224）
			规定非比例延伸力		
			最大力总伸长率		

序号	类别	名称（复试项目）	主要检测参数	取样依据
3	钢结构连接件及防火涂料	扭剪型高强度螺栓连接副	预拉力	《钢结构工程施工质量验收规范》（GB 50205）《钢结构用扭剪型高强度螺栓连接副》（GB/T 3632）
		高强度大六角头螺栓连接副	扭矩系数	《钢结构工程施工质量验收规范》（GB 50205）《钢结构用高强度大六角头螺栓、大六角螺母、垫圈技术条件》（GB/T 1231）
		螺栓球节点钢网架高强度螺栓	拉力载荷	《钢结构工程施工质量验收规范》（GB 50205）
		高强度螺栓连接摩擦面	抗滑移系数	《钢结构工程施工质量验收规范》（GB 50205）
		防火涂料	粘结强度 抗压强度	《钢结构工程施工质量验收规范》（GB 50205）
4	防水材料	铝箔面石油沥青防水卷材	拉力	《铝箔面石油沥青防水卷材》（JC/T 504）
			柔度	
			耐热度	
		改性沥青聚乙烯胎防水卷材	拉力	《改性沥青聚乙烯胎防水卷材》（GB 18967）
			断裂延伸率	
			低温柔度	
			耐热度（地下工程除外）	
			不透水性	
		弹性体改性沥青防水卷材	拉力	《弹性体改性沥青防水卷材》（GB 18242）
			延伸率（G 类除外）	
			低温柔性	
			不透水性	
			耐热性（地下工程除外）	
		塑性体改性沥青防水卷材	拉力	《塑性体改性沥青防水卷材》（GB 18243）
			延伸率（G 类除外）	
			低温柔性	
			不透水性	
			耐热性（地下工程除外）	

序号	类别	名称（复试项目）	主要检测参数	取样依据
4	防水材料	自粘聚合物改性沥青防水卷材	拉力	《自粘聚合物改性沥青防水卷材》（GB 23441）
			最大拉力时延伸率	
			沥青断裂延伸率（适用于 N 类）	
			低温柔性	
			耐热度（地下工程除外）	
			不透水性	
		高分子防水片材	断裂拉伸强度	《高分子防水材料 第1部分：片材》（GB 1873.1）
			扯断伸水率	
			不透水性	
			低温弯折	
		聚氯乙烯防水卷材	拉力（适用于1. W 类）	《聚氯乙烯防水卷材》（GB 12952）
			拉伸强度（适用于 N 类）	
			断裂伸长率	
			不透水性	
			低温弯折性	
		氯化聚乙烯防水卷材	拉力（适合于 L，W 类）	《氯化聚乙烯防水卷材》（GB 12953）
			拉伸强度（适合于 N 类）	
			断裂伸长率	
			不透水性	
			低温弯折性	
		氯化聚乙烯-橡胶共混防水卷材	拉伸强度	《氯化聚乙烯-橡胶共混防水卷材》JC/T 684
			断裂伸长率	
			不透水性	
			脆性温度	
		水乳型沥青防水涂料	固体含量	《水乳型沥青防水涂料》（JC/T 408）
			不透水性	
			低温柔度	
			耐热度	
			断裂伸长率	

序号	类别	名称（复试项目）	主要检测参数	取样依据
4	防水材料	聚氨酯防水涂料	固体含量	《聚氨酯防水涂料》（GB/T 19250）
			断裂伸长率	
			拉伸强度	
			低温弯折性	
			不透水性	
		聚合物乳液建筑防水涂料	固体含量	《聚合物乳液建筑防水涂料》（JC/T 864）
			断裂伸长率	
			拉伸强度	
			不透水性	
			低温柔性	
		聚合物水泥防水涂料	固体含量	《聚合物水泥防水涂料》（GB/T 23445）
			断裂伸长率（无处理）	
			拉伸强度（无处理）	
			低温柔性（适用于Ⅰ型）	
			不透水性	
		止水带	拉伸强度	《高分子防水材料 第二部分 止水带》（GB 18173.2）
			扯断伸长度	
			撕裂强度	
		制品型膨胀橡胶	拉伸强度	《高分子防水材料 第3部分 遇水膨胀橡胶》（GB/T 18173.3）
			扯断伸长率	
			体积膨胀倍率	
		腻子型膨胀橡胶	高温流淌性	《高分子防水材料 第3部分 遇水膨胀橡胶》（GB/T 18173.3）
			低温试验	
			体积膨胀倍率	
		聚硫建筑密封胶	拉伸粘结性	《聚硫建筑密封胶》（JC/T 483）
			低温柔性	
			施工度	
			耐热度（地下工程除外）	
		聚氨酯建筑密封胶	拉伸粘结性	《聚氨酯建筑密封胶》（JC/T 482）
			低温柔性	
			施工度	
			耐热度（地下工程除外）	

序号	类别	名称（复试项目）	主要检测参数	取样依据
4	防水材料	丙烯酸酯建筑密封胶	拉伸粘结性	《丙烯酸酯建筑封胶》（JC/T 484）
			低温柔性	
			施工度	
			耐热度（地下工程除外）	
		建筑用硅酮结构密封胶	拉伸粘结性	《建筑用硅酮结构密封胶》（GB 16776）
		水泥基渗透结晶型防水材料	抗折强度	《水泥基渗透晶型防水材料》（GB 18445）
			湿基面粘结强度	
			抗渗压力	
5	砖及砌块	烧结普通砖	抗压强度	《烧结普通砖》（GB 5101）
		烧结多孔砖		《烧结多孔砖》（GB 13544）
		烧结空心砖和空心砌砖	抗压强度	《烧结空心砖和空心砌块》（GB 13545）
		蒸压灰砂空心砖		《蒸压灰砂空心砖》（JC/T 637）
		粉煤灰砖	抗压强度 抗折强度	《粉煤灰砖》（JC 239）
		蒸压灰砂砖		《蒸压灰砂砖》（GB 11945）
		粉煤灰砌块		《粉煤灰砌块》（JC 238）
		普通混凝土小型空心砌块	抗压强度	《普通混凝土小型空心砌块》（GB 8239）
		轻集料混凝土小型空心砌块	强度等级	《轻集料混凝土小型空心砌块》（GB/T 15229）
			密度等级	
		蒸压加气混凝土砌块	立方体抗压强度	《蒸压加气混凝土砌块》（GB 11968）
			干密度	
6	装饰装修材料	人造木板、饰面人造木板	游离甲醛释放量或游离甲醛含量	《室内装饰装修材料 人造板及其制品中甲醛释放限量》（GB 18580）
		室内用花岗石	放射性	《天然花岗石建筑板材》（GB/T 18601）
		外墙陶瓷面砖	吸水率	《陶瓷砖》（GB/T 4100）
			抗冻性（适用于寒地区）	

序号	类别	名称（复试项目）	主要检测参数	取样依据
7	幕墙材料	石材	弯曲强度、	《建筑装饰装修工程质量验收规范》（GB 50210）
			冻融循环后压缩强度（适用于寒冷地区）	
		铝塑复合板	180°剥离强度	《建筑幕墙用铝塑复合板》（GB/T 17748）
		玻璃	传热系数	《建筑节能工程施工质量验收规范》（GB 50411）
			遮阳系数	
			可见光透射比	
			中空玻璃露点	
		双组分硅酮结构胶	相溶性	《建筑装饰装修工程质量验收规范》（GB 50210）
			拉伸粘结性（标准条件下）	
		幕墙样板	气密性能（当幕墙面积大于 3000m² 或建筑外墙面积的 50%时，应制作幕墙样板）	《建筑节能工程施工质量验收规范》（GB 50411）
			水密性能	
			抗风压性能	
		隔热型材	抗拉强度	《建筑节能工程施工质量验收规范》（GB 50411）
			抗剪强度	
8	节能材料	建筑外门窗	气密性能	《建筑装饰装修工程质量验收规范》（GB 50210）《建筑节能工程施工质量验收规范》（GB 50411）
			水密性能	
			抗风压性能	
			传热系数（适用于严寒、寒冷和夏热冬冷地区）	
			中空玻璃露点	
			玻璃遮阳系数 / 可见光透射比（适用于夏热冬冷和夏热冬暖地区）	
		绝热用模塑聚苯乙烯泡沫塑料（适用墙体及屋面）	表观密度	《建筑节能工程施工质量验收规范》（GB 50411）
			压缩强度	
			导热系数	
		绝热用挤塑聚苯乙烯泡沫塑料（适用墙体及屋面）	压缩强度	《建筑节能工程施工质量验收规范》（GB 50411）
			导热系数	

序号	类别	名称（复试项目）	主要检测参数	取样依据
8	节能材料	胶粉聚苯颗粒（适用墙体及屋面）	导热系数	《建筑节能工程施工质量验收规范》（GB 50411）
			干表观密度	
			抗压强度	
		胶粘材料（适用墙体）	拉伸粘结强度	《建筑节能工程施工质量验收规范》（GB 50411）《外墙外保温工程技术规程》（JGJ 144）
		瓷砖胶粘剂（适用墙体）	拉伸胶粘强度	《建筑节能工程施工质量验收规范》（GB 50411）《陶瓷墙地砖胶粘剂》（JC/T 547）
		耐碱型玻纤网格布（适用墙体）	断裂强力（经向、纬向）	《建筑节能工程施工质量验收规范》（GB 50411）《外墙外保温工程技术规程》（JGJ 144）
			耐碱强力保留率（经向、纬向）	
		保温板钢丝网架（适用墙体）	焊点抗拉力	《建筑节能工程施工质量验收规范》（GB 50411）
			抗腐蚀性能（镀锌层质量或镀锌层均匀性）	
		保温砂浆（适用屋面、地面）	导热系数	《建筑节能工程施工质量验收规范》（GB 50411）《建筑保温砂浆》（GB/T 20473）
			干密度	
			抗压强度	
		抹面胶浆、抗裂砂浆（适用抹面）	拉伸粘结强度	《建筑节能工程施工质量验收规范》（GB 50411）《外墙外保温工程技术规范》（JCJ 144）
		岩棉、矿渣棉、玻璃棉、橡塑材料（适用采暖）	导热系数	《建筑节能工程施工质量验收规范》（GB 50411）
			密度	
			吸水率	
		散热器	单位散热量	《建筑节能工程施工质量验收规范》（50411）
			金属热强度	

序号	类别	名称(复试项目)	主要检测参数	取样依据
8	节能材料	风机盘管机组	供冷量	《建筑节能工程施工质量验收规范》(GB 50411)
			供热量	
			风量	
			出口静压	
			噪声	
			功率	
		电线、电缆(适用低压配电系统)	截面	《建筑节能工程施工质量验收规范》(GB 50411)
			每芯导体电阻值	

附表2 施工过程质量检测试验项目、主要检测试验参数和取样

序号	类别	检测试验项目	主要检测试验参数	取样依据	备注
1	土方回填	土工击实	最大干密度	《土工试验方法标准》(GB/T 50123)	
			最优含水率		
		压实程度	压实系数*	《建筑地基基础设计规范》(GB 50007)	
2	地基与基础	换填地基	压实系数*或承载力	《建筑地基处理技术规范》(JGJ 79)	
		加固地基、复合地基	承载力	《建筑地基基础工程施工质量验收规范》(GB 50202)	
		桩基	承载力	《建筑基桩检测技术规范》(JGJ 106)	
			桩身完整性		钢桩除外
3	基坑支护	土钉墙	土钉抗拔力	《建筑基坑支护技术规程》(JGJ 120)	
		水泥土墙	墙身完整性		
			墙体强度		设计有要求时
		锚杆、锚索	锁定力		
4	结构工程	钢筋连接	机械连接工艺检验*	抗拉强度	《钢筋机械连接通用技术规程》(JGJ 107)	
			机械连接现场检验			

序号	类别	检测试验项目	主要检测试验参数	取样依据	备　注
4	结构工程	钢筋连接	钢筋焊接工艺检验*	抗拉强度	《钢筋焊接及验收规程》（JGJ 18）	适用于闪光对焊、气压焊接头
				弯曲		
			闪光对焊	抗拉强度		
				弯曲		
			气压焊	抗拉强度		适用于水平连接筋
				弯曲		
			电弧焊、电渣压力焊、预埋件钢筋 T 形接头	抗拉强度		
			网片焊接	抗剪力		热轧带肋钢筋
				抗拉强度		冷扎带肋钢筋
				抗剪力		
		混凝土性能	混凝土配合比设计	工作性	《普通混凝土配合比设计规程》（JGJ 55）	指工作度、坍落度和坍落扩展度等
				强度等级		
			混凝土	标准养护试件强度	《混凝土结构工程施工质量验收规范》（GB 50204）《混凝土外加剂应用技术规范》（GB 50119）《建筑工程动气施工规范》（JGJ 104）	同条件养护 28d 转标准养护 28d 试件强度和受冻临界强度试件按冬期施工相关要求增设，其他同条件试件根据施工需要留置
				同条件试件强度*（受冻临界、拆模、张拉、放张和临时负荷等）		
				同条件养护 28d 转标准养护 28d 试件强度		

序号	类别	检测试验项目	主要检测试验参数	取样依据	备 注
4	结构工程	混凝土	混凝土性能	抗渗性能	《地下防水工程质量验收规范》（GB 50208）《混凝土结构工程施工质量验收规范》（GB 50204）	有抗渗要求时
		砌筑砂浆	砂浆配合比设计	强度等级 稠度	《砌筑砂浆配合比设计规程》（JGJ 98）	
			砂浆力学性能	标准养护试件强度	《砌体工程施工质量验收规范》（GB 50203）	
				同条件养护试件强度		冬期施工时增设
		钢结构	网架结构焊接球节点、螺栓球节点	承载力	《钢结构工程施工质量验收规范》（GB 50205）	安全等级一级，$L \geqslant 40m$ 且设计有要求时
			焊缝质量	焊缝探伤		
		后锚固（植筋、锚栓）		抗拔承载力	《混凝土结构后锚固技术规程》（JGJ 145）	
5	装饰装修	饰面砖粘贴		粘结强度	《建筑工程饰面砖粘结强度检验标准》（JGJ 110）	

注：带有"＊"标志的检测试验项目或检测试验参数可由企业试验室试验，其他检测试验项目或检测试验参数的检测应符合相关规定。

参 考 文 献

[1] 建筑工程检测试验技术管理规范（JGJ 190—2010）. 北京：中国建筑工业出版社，2010

[2] 中华人民共和国建设部. 房屋建筑工程和市政基础设施工程实行见证取样和送检的规定，2000

[3] 数值修约规则与极限数值的表示和判定（GB/T 8170—2008）. 北京：中国标准出版社，2009

[4] 赵华玮. 建筑材料应用与检测. 北京：中国建筑工业出版社，2011

[5] 赵华玮. 建筑材料与检测. 郑州：郑州大学出版社，2012

[6] 曹文达. 建筑材料试验员基本技术. 北京：金盾出版社，2012

[7] 张俊生，陈红，马洪晔，等. 试验员岗位实务知识. 北京：中国建筑工业出版社，2007

[8] 林寿. 建筑工程施工材料试验培训教材. 北京：中国建筑工业出版社，1999

[9] 韩实彬，胡俊. 试验员（第 2 版）. 北京：机械工业出版社，2011

[10] 刘红飞，蒋元海，叶蓓红. 建筑外加剂. 北京：中国建筑工业出版社，2006